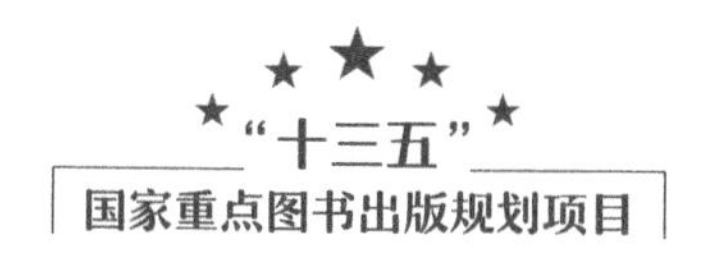

5G 丛书

5G 无线网络规划与设计

Network Planning for 5G Wireless System

岳胜 于佳 苏蕾 程思远 江巧捷 张学 

人 民 邮 电 出 版 社
北 京

图书在版编目（CIP）数据

5G无线网络规划与设计 / 岳胜等编著. -- 北京 :
人民邮电出版社, 2019.7(2021.12重印)
（国之重器出版工程·5G丛书）
ISBN 978-7-115-51062-4

Ⅰ. ①5… Ⅱ. ①岳… Ⅲ. ①无线电通信－移动网－网络规划②无线电通信－移动网－网络设计 Ⅳ. ①TN929.5

中国版本图书馆CIP数据核字(2019)第060500号

内 容 提 要

本书介绍了5G移动通信系统的基础技术原理及其在实际网络规划设计过程中可能存在的难题，着重从覆盖规划、容量规划、室内分布系统的设计以及网络仿真多个方面阐述5G网络规划设计的具体方法和思路。

本书内容翔实丰富、深入浅出，可作为移动通信技术研究、移动网络规划设计、网络优化及其他相关领域从业人员的技术参考书或培训教材，也可作为高等院校通信专业教材。

◆ 编　著　岳　胜　于　佳　苏　蕾　程思远
　　　　　　江巧捷　张　学
　责任编辑　李　强
　责任印制　杨林杰

◆ 人民邮电出版社出版发行　北京市丰台区成寿寺路11号
　邮编　100164　电子邮件　315@ptpress.com.cn
　网址　http://www.ptpress.com.cn
　固安县铭成印刷有限公司印刷

◆ 开本：720×1000　1/16
　印张：14　2019年7月第1版
　字数：243千字　2021年12月河北第8次印刷

定价：79.00元

读者服务热线：(010)81055493　印装质量热线：(010)81055316
反盗版热线：(010)81055315

《国之重器出版工程》
编 辑 委 员 会

专家委员会委员（按姓氏笔画排列）：

于　全　中国工程院院士

王少萍　“长江学者奖励计划”特聘教授

王建民　清华大学软件学院院长

王哲荣　中国工程院院士

王　越　中国科学院院士、中国工程院院士

尤肖虎　“长江学者奖励计划”特聘教授

邓宗全　中国工程院院士

甘晓华　中国工程院院士

叶培建　中国科学院院士

朱英富　中国工程院院士

朵英贤　中国工程院院士

邬贺铨　中国工程院院士

刘大响　中国工程院院士

刘怡昕　中国工程院院士

刘韵洁　中国工程院院士

孙逢春　中国工程院院士

苏彦庆　“长江学者奖励计划”特聘教授

苏哲子 中国工程院院士

李伯虎 中国工程院院士

李应红 中国科学院院士

李新亚 国家制造强国建设战略咨询委员会委员、中国机械工业联合会副会长

杨德森 中国工程院院士

张宏科 北京交通大学下一代互联网互联设备国家工程实验室主任

陆建勋 中国工程院院士

陆燕荪 国家制造强国建设战略咨询委员会委员、原机械工业部副部长

陈一坚 中国工程院院士

陈懋章 中国工程院院士

金东寒 中国工程院院士

周立伟 中国工程院院士

郑纬民 中国计算机学会原理事长

郑建华 中国科学院院士

屈贤明　国家制造强国建设战略咨询委员会委员、工业和信息化部智能制造专家咨询委员会副主任

项昌乐　“长江学者奖励计划”特聘教授，中国科协书记处书记，北京理工大学党委副书记、副校长

柳百成　中国工程院院士

闻雪友　中国工程院院士

徐德民　中国工程院院士

唐长红　中国工程院院士

黄卫东　“长江学者奖励计划”特聘教授

黄先祥　中国工程院院士

黄　维　中国科学院院士、西北工业大学常务副校长

董景辰　工业和信息化部智能制造专家咨询委员会委员

焦宗夏　“长江学者奖励计划”特聘教授

前 言

由于 4G 移动宽带的成功，移动蜂窝技术近年来显著改变了人类的生活。许多移动应用和先进的智能设备已成为大多数人生活中的必需品，这一现象改变了当今全球经济的面貌，成为人类社会发展的基础。所有这些变化进一步刺激了对 5G 的需求，间接加速了 5G 的诞生。

相比于 4G，5G 将具有全方位的能力提升。在数据速率方面，5G 的用户体验速率是 4G 的 100 倍，峰值速率是 4G 的 20 倍；在设备接入能力方面，5G 单位平方千米的连接数密度可达 100 万个/平方千米，比 4G 高出 10 倍以上；在延迟方面，5G 端到端延迟最小可达毫秒级，能够完美地支持远程工业控制等应用。除此之外，5G 采用了基于网络功能虚拟化和软件定义网络技术的服务化网络架构，并引入了网络切片、MEC 等先进技术，使网络更具灵活性和高效性，更有利于 5G 迎接未来多样的、智能化的、定制化的应用需求。

本书首先对 5G 的基本技术原理进行了介绍，旨在帮助移动网络规划设计从业人员对 5G 建立整体认知。在此基础上，本书对 5G 网络规划设计中可能涉及的重点、难点问题进行了分析，以期能够为 5G 网络规划相关工作指明方向。本书共分 8 章：第 1 章简要分析了推动 5G 产生和发展的主要因素，介绍了 5G 的标准化现状和国内外运营商发展现状，并阐述了部署 5G 的主要挑战；第 2 章详细介绍了 5G 的整体网络架构，包括无线接入网的几种部署模式和核心网的架构，并对网络切片和 MEC 等先进技术在 5G 网络中的应用加以阐述；第 3 章根据当前的 3GPP R15 规范，介绍了 5G 的频率使用和物理层结构，以及大规模 MIMO、LTE-NR 双连接、上下行解耦和载波聚合等无线关键技术；第 4 章介绍了覆盖规划的基本方法和原则，着重分析了 5G 覆盖规划与 4G 覆

盖规划的异同；类似地，第 5 章从容量规划的角度分析了 5G 与 4G 的异同之处；第 6 章重点介绍了 5G 室内覆盖的需求以及有源室分设计的原则和方法；第 7 章介绍基于 Atoll 的 5G 网络仿真方法及案例；第 8 章归纳总结了 5G 网络规划的流程，并对其中 BBU 集中部署、参数规划等重难点问题进行了详细的分析。

目前，5G 尚处于发展初期，没有大规模规划和部署的经验，再加上作者水平有限，难免存在谬误，敬请广大读者见谅，并欢迎读者批评指正。

目 录

第1章 5G发展现状

移动通信系统从出现到如今已进入第5代，历时仅40年左右。无可否认，移动通信系统改变了人们的生活方式。5G时代，移动通信系统将对人类社会产生巨大的影响。本章首先阐述移动通信系统的发展，分析5G的重大突破；然后从应用需求的角度分析推动5G快速发展的主要因素；再对5G标准化进程进行介绍，分析现阶段5G部署中存在的主要困难和挑战；最后简述国内外主流运营商的5G发展现状。

1.1 移动通信系统的发展

1. 从 1G 到 4G，连接人与人

根据爱立信 2018 年 11 月发布的报告，相比于 2017 年第四季度，2018 年同期全球移动网络数据流量总量增长约 88%，这是自 2013 年第二季度之后出现的最高增长率（2013 年第二季度增长率为 89%）。移动流量急速增长的原因既有智能手机用户数量的激增，又有用户平均流量的提升。仅 2018 年第四季度，全球移动宽带用户数量增长约 2 200 万，其中中国用户增长数量为 200 万。至此，全球移动宽带用户总量达到了 59 亿。在这其中，LTE 用户数量仍在持续增长中，总量达到 36 亿。2018 年第四季度全球出售智能手机数量约为 3 750 万，智能手机用户在移动手机用户中占比已达到 65%。截止到 2018 年第四季度，全球移动手机渗透率达人口总数的 104%。

爱立信发布的报告对未来全球移动通信网使用情况进行了预测，如表 1-1 所示，可以看出，未来 5 年内虽然移动通信网用户数量增速平缓，但用户对移动数据流量的需求将出现爆发式增长。

表 1-1 未来移动通信网使用情况预测

预测内容	2017 年	2023 年	年复合增长率
全球移动数据业务平均月流量	14 EB	110 EB	42%
每活跃智能手机的月平均流量	2.9 GB	17 GB	34%
全球 LTE 用户量	26 亿	55 亿	13%
全球移动宽带用户	52 亿	82 亿	9%
全球智能手机数量	44 亿	73 亿	9%
全球移动用户数量	78 亿	91 亿	3%

回顾历史，不难看出，几乎每隔 10 年产生一代新的移动通信系统。20 世纪 80 年代，业界推出了基于模拟信号传输的第一代移动通信系统（1G），使人们摆脱了固定电话的限制。虽然只能传递语音信号，但是不可否认，1G 的出现彻底改变了人们的沟通、工作和娱乐方式，并为移动通信系统的扩散和发展奠定了基础。

随着移动电话的迅速发展，模拟信号处理技术的局限性日渐突显：终端设备庞大、服务成本高、网络覆盖不连续、频谱使用效率低等。数字信号处理技术推动了移动通信系统从 1G 到 2G 的变革。最初的 2G 基于时分多址（TDMA，Time Division Multiple Access）技术，有效地解决了 1G 网络的局限性。后来又推出了基于码分多址（CDMA，Code Division Multiple Access）的 2G 通信制式，将可支持的语音呼叫数量增加了 10 倍以上，极大地扩充了 2G 网络的容量。

由于在 2G 时代表现突出，CDMA 受到了广泛重视，成为 3G CDMA2000 和宽带码分多址（WCDMA，Wideband CDMA）的基础。3G 进一步增加了语音容量，但更重要的模式转变是优化了移动网络的数据服务。3G 时代的用户不但能够获得移动语音服务，还可通过网络查询移动设备上的电子邮件、天气和新闻。这一转型为移动宽带奠定了基础，推动了智能手机时代的到来。

4G LTE 采用了全新的全 IP、扁平化的网络架构，带来了更快、更好的移动宽带体验。LTE 底层采用了基于正交频分复用（OFDM，Orthogonal Frequency Division Multiplexing）波形和多址接入的新物理空口设计［下行链路使用正交频分复用多址（OFDMA，Orthogonal Frequency Division Multiplexing Access），上行链路使用单载波频分多址（SC-FDMA，Single-carrier Frequency-Division Multiple Access）］。最初的 LTE 系统并未达到国际电信联盟（ITU，International Telecommunications Union）对 4G 网络的定义，因此，通常也被称为 3.9G。在此后的演进过程中，LTE 不断引入多输入多输出（MIMO，Multiple-Input and Multiple-Output）、载波聚合、高阶调制等众多新技术，实现了超高速率的无线数据传输，并有效增加了网络容量以应对激增的数据流量需求。

从数据传输能力的角度看，现在出现的新吉比特 LTE 网络可以提供比第一个具有数据传输功能的 2G 网络快约 10 万倍的峰值速率。随着 3G 和 4G LTE 网络的普及，全球移动宽带连接在 2010 年超过了固定宽带。由移动通信产生的经济价值在不断增长，预计到 2020 年将达到 3.7×10^5 亿美元。在过去 30 多年的时间里，移动通信系统几经变革，对科技和社会产生了巨大影响。如今，世界正处于另一次重大转型的临界点，这一转型将进一步扩大移动网络的作用，以满足新一轮新型用例的需求。

5G 应运而生。

2. 5G：面向未来创新的新型网络

从 1G 到 4G，现有几代移动通信系统着眼于提供更快、更好的语音和数据传输来服务人与人之间的互联。到了 5G 时代，移动通信系统将会产生数量庞大的多样性无线连接。通过实现万物互联，5G 将会成为重新定义各种行业的创新平台。依托 5G 这个平台，将会产生各种改变世界的创新用例，例如：

- 身临其境的娱乐和体验；
- 更安全、更自动化的运输；
- 可靠地访问远程医疗服务；
- 提升公共安全和保障；
- 更智能的农业；
- 更有效地利用能源/公用事业；
- 更自动化的制造业；
- 可持续的城市和基础设施；
- 数字化物流和零售。

5G 的潜力不限于此，因为仍有许多新型用例尚未可知。为了应对这些未知的用例，5G 的设计考虑了灵活性和可扩展性，以便为未来的创新提供统一的连接平台。

1.2 推动因素

虽然业界广泛认为 5G 能够以其巨大的潜力刺激大量创新性用例的产生，但就目前而言，除了需要更高的容量和速率，以及减少延迟之外，还没有用于早期 5G 部署的杀手级用例或驱动力。即便如此，仍然不难找到一些可以推动早期 5G 部署和商用的用例。

新的 5G 应用主要有 3 类：增强型移动宽带（eMBB，enhanced Mobile BroadBand）、超可靠低时延通信（uRLLC，ultra-Reliable Low Latency Communications）和大规模机器类型通信（mMTC，massive Machine Type Communications）。mMTC 主要通过演进和优化现有的蜂窝技术（如 NB-IoT）来实现，但 uRLLC 和 eMBB 需要新技术来打破带宽和时延的边界，这将解锁需要 5G 基础架构的潜在的新型用例。

不难发现，目前有些应用已经受到 4G 能力的限制。对于这些应用来说，5G 具有重要的意义。然而，这只是一个开始，因为每一次容量和速率的飞升总会产生不可预测的新型应用，这些应用只能在 5G 网络建设进入较为成熟的阶段才会显现出来。爱立信移动在 2017 年 11 月的报告中介绍了一些用例及其支撑技术，如表 1-2 所示。

表 1-2 5G 用例预测

应用	目前的服务	向 5G 演进	5G 体验
eMBB	网页浏览，社交媒体，音乐、视频	固定无线接入、互动现场音乐会和体育赛事	4K/8K 视频、移动 AR/VR 游戏、沉浸式媒体
汽车	Wi-Fi 热点、按需 GPS 地图数据	预测性车辆维护、针对不同服务捕捉实时传感数据	自动车辆控制、合作避碰、脆弱的道路用户发现
制造业	连通货物、企业内部沟通	过程自动化和流程管理、远程监控和控制机器与材料	远程控制机器人，增强现实技术支持培训、维护、建设、维修
能源和公共事业	智能计量、动态和双向网格	分布式能源管理、配电自动化	控制边缘生成、虚拟发电厂、实时负载平衡
卫生保健	远程监护病人、连接救护车、电子健康记录	远程手术、增强现实辅助医疗	精准医学、远程机器人手术

初期的 5G 网络与 4G 网络相比，最大的性能提升是显著增加的带宽和超低的端到端延迟。目前比较明确的、能够从这两方面特性中受益的新兴用例主要有以下几种。

（1）增强现实（AR，Augmented Reality）、混合现实（MR，Mixed Reality）和虚拟现实（VR，Virtual Reality）。

（2）移动多媒体：360°、4K/8K 分辨率的演出或体育赛事直播。

（3）远程教育服务。

1. 增强现实、混合现实和虚拟现实

AR、MR 和 VR 设备被认为是具市场潜力的技术。根据 ABI Research 的预测，2021 年全球 AR 智能眼镜设备将达到 4 800 万台、VR 设备将超过 2 亿台。

AR、MR 和 VR 这 3 种现实模式各自有其独特的用例和机遇。虽然 4G 网络能够支撑这些现实技术的基本功能，但是一旦开启大规模商用，必将在短时间内耗尽 4G LTE 的基础设施资源，并使用户体验变得难以接受。5G eMBB 具备支撑 AR、MR 和 VR 大规模商用的能力，将会为这些技术带来新的发展机遇。

智能手机从诞生至今，其性能一直在不断提高，未来也必将发展成能够与 VR/AR 头盔配合使用的终端设备。例如，谷歌的 Tango 技术使用一种视觉定位服务（VPS，Visual Positioning Service）实现室内导航，但是目前这种服务很大程度上依赖本地 Wi-Fi 网络来确定其自身位置以及映射空间。5G 技术能够实现更一致的信号覆盖，这将帮助 VPS 组合相机、蜂窝位置和 GPS 的信息进行更精准的空间映射和定位。

目前，VR 设备的分辨率一般为 1 200 × 1 080 @ 90 fps（每只眼睛）。为了提高保真度和沉浸感，业界正在积极开发 4K 甚至 8K @ 90 ~ 120 fps（每只眼睛）的下一代设备。随着设备升级产生的是对无线数据传输速率的更高需求。考虑不同的数据压缩策略，下一代 VR 设备的视频数据带宽需求将会提高几十倍。

一般来说，AR/MR/VR 设备本身的能力是有限的，通常需要依赖智能手机和可穿戴设备，如三星的 GearVR 和微软的 Hololens。然而智能手机等终端的能力也受到电池、芯片等限制。一种 5G 的革命性用例可以将 AR/MR/VR 传感器的输入上传至云端，并将图形渲染处理从智能终端卸载到云端。在这种情况下，只需要一个更简单、低功耗的用户设备，该设备仅作为传感器的记录器、5G 蜂窝发射器和视频解码器。显然这将显著降低 AR/MR/VR 的使用成本，并实现基于云服务使用时间服务模式的更大的市场潜力。

为了实现下一代 AR/MR/VR 设备和 6 自由度（6DoF，6 Degree of Freedom）视频，预计需要 200 Mbit/s ~ 1 Gbit/s 的流带宽。为避免眩晕则需要低于 10 ms 的动作到手机延迟。

2. 移动多媒体：360°、4K/8K 分辨率的演出或体育赛事直播

大型的体育赛事和娱乐活动都是非常具有投资价值的。以体育赛事为例，每年定期举办的常规性比赛的观众数量可达数亿，如 2017 年美国超级碗有 1.113 亿人观看、F1 赛事全球有 4.25 亿观众。其中潜在的巨大市场价值可见一斑。体育赛事也是展示最新技术的绝佳平台。2018 年平昌冬季奥运会上，韩国启用预商用 5G 系统，提供了同步观赛、360° VR 直播等 5G 体验（与 ITU 定义的 5G 体验尚有差距）。赛事举办方和运营商已经着眼于一系列赛事相关 App 的开发，将一进步推广 5G 体验在体育赛事中的应用。日本已经明确将在 2020 年东京奥运会上推出全球首个 8K 体育赛事现场直播，下一届奥运会也将成为首个拥有 5G 网络覆盖的体育赛事之一。

智能手机显示器正朝着更高分辨率的高动态范围图像（HDR，High-Dynamic Range）品质发展。随着越来越多的消费者拥有高端智能设备，超高清的视频流服务也会越来越丰富。NTT DoCoMo 承诺 2020 年东京奥运会上使用的 5G 网络能够向 VR 设备提供高速率的数据流，使用户体验与运动员一起在体育场馆内的感受。

另外，当前的 360° 视频体验基于 3 个自由度（3DoF），能够允许用户在固定位置旋转地环顾四周。未来的体验将扩展到 6DoF，使用户能够四处走动。显然这类体验将在电子游戏领域大受欢迎。

4K 流媒体对数据速率的需求为 25 ~ 75 Mbit/s，目前的 4G LTE 也可以满足。但是，8K 流媒体的数据速率需求预计在 100 ~ 500 Mbit/s，具体取决于编码选择和多声道混音。而 6DoF、360° 视频带宽需求更大，预计为 400 ~ 600 Mbit/s，甚至更高，同时要求延迟不超过 20 ms，具体取决于分辨率、压缩、用户反馈性能预期（快/慢移动）和移动范围等因素。

3. 远程教育服务

远程教育服务并不是一个新的概念，借助于个人电脑的远程教育服务已经发展许多年。但是，随着无线网络和移动设备的发展，越来越多的年轻人可以利用移动设备享受各种不同等级的教育服务（如基础教育、再进修等）。远程教育服务对于偏远地区的学龄儿童来说尤为重要。这些学生上学困难、师资极度有限，远程教育能够在一定程度上缓解现有的困难。

5G 移动服务可以利用固定无线接入（FWA，Fixed Wireless Access）技术等向偏远农村地区提供快速连接和高速率传输，提供的高质量视频流将有利于教师表达完整的文本和图标白板，不会因为数据压缩或低分辨率而丢失细节。同时远端的学生可以根据需求在进行局部放大时仍然能够清晰地阅读。

更进一步地，可以借助 VR 为学生提供原生的课堂风格沉浸式体验，让学生和教师自然有效地进行互动。

上述这些远程教育服务将需要 100 ~ 200 Mbit/s 数据速率和低于 20 ms 的端到端延迟，以确保实现舒适的、实时的交互。为了能够服务到偏远地区的学生，还需要全面、可靠的移动网络覆盖。

综上所述，目前比较明确的 5G 用例及需求如表 1-3 所示。

表 1-3 初期的 5G 用例及需求

目标人群	用例	5G 需求
个人	AR/MR/VR 设备	200 Mbit/s～1 Gbit/s 数据流带宽，具体取决于压缩程度和设备分辨率； VR 需要低于 20 ms 的动作到终端延迟

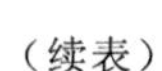
（续表）

目标人群	用例	5G 需求
个人	移动多媒体：360°、4K/8K 分辨率的演出或体育赛事直播	8K 视频：100～500 Mbit/s 数据流带宽和低于 20 ms 延迟； 360°6DoF：400～600 Mbit/s 数据流带宽和低于 10 ms 延迟以避免晕眩
教育	远程教育服务	100～200 Mbit/s 高可靠数据流带宽，低于 20 ms 延迟

1.3 5G 标准化现状

全球唯一标准是 5G 发展的重要目标之一。此前，美国运营商为了快速抢占 5G 市场，提出了自己的基于高频的 5G 标准，之后 3GPP 将该标准与 3GPP 5G 标准进行了整合。但是为了避免此类情况再次发生，3GPP 将首个 5G 标准 R15 分成了 3 个阶段。

- “Early Drop”是指 2017 年 12 月发布的第一版 5G 标准文件，其中，针对非独立部署（NSA，Non Stand Alone）架构进行了标准化定义，即以 LTE 作为锚点、5G NR 以双连接的形式辅助数据传输；核心网仍然依托 4G 核心网 EPC。此版本的 5G 标准主要提供的是满足 eMBB 业务所需网络部署的技术细节，其目的在于加速 5G 部署和商用的步伐，确保全球唯一的 5G 生态环境。
- “Main Drop”于 2018 年 6 月发布，其最重要的意义是定义了 5G 核心网 5GC 的技术规范，是实际意义上的第一版完整的 5G 标准。此版本定义了 5G 独立部署（SA，Stand Alone）架构，以及核心网侧依托 5GC 的部分 NSA 部署架构。
- “Late Drop”原定于 2018 年 12 月发布，着重于 LTE 向 5G 演进的技术细节和加速方案，包括全部的演进选项。但是在 2018 年 12 月举行的 TSG RAN 全体会议上，3GPP 主席 BalazsBertenyi 表示 R15“Late Drop”的完成将会推迟到 2019 年 3 月。推迟的原因据称是为了预留更多的时间确保 3GPP 各工作组之间的充分协调，以及保证网络与终端、芯片之间更完善的兼容性等。

3GPP 的 5G 标准化时间如图 1-1 所示。

根据图 1-1 所示的时间，3GPP 已经在 2017 年第 4 季度开始了对 R16 内容的研究。R16 的主要工作是对 5G 进行扩展和效率提升。在 5G 扩展方面，3GPP 的研究重心主要涉及以下几个方面。

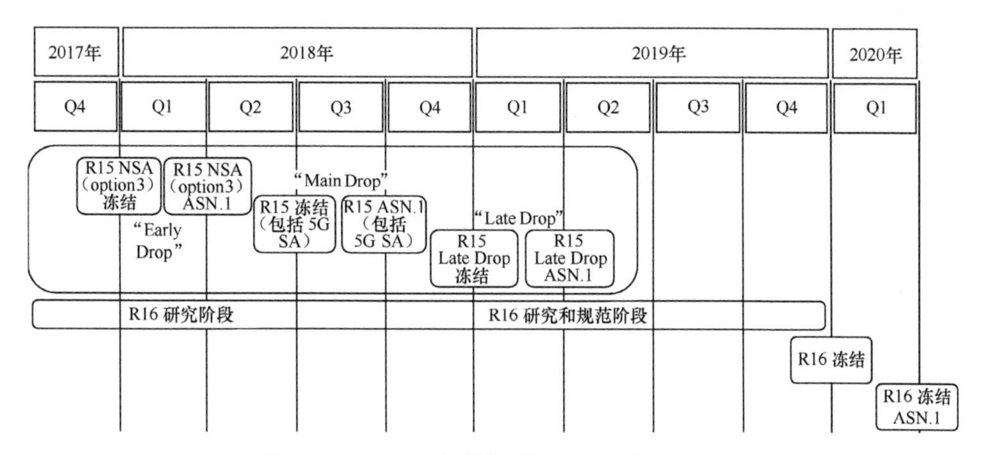

图 1-1　3GPP 5G 标准化时间（2018 年 10 月）

（1）5G V2X。

（2）5G 工业物联网。

（3）5G uRLLC 增强。

（4）5G 与卫星通信。

（5）52.6 GHz 以上高频 5G。

IEEE 802.11p 或 3GPPC-V2X（R14）建立了基础的 V2X 支撑，能够实现基本的安全保障。3GPP R15 对 C-V2X 进行了扩展和补充，增强了应用范围和可靠性，更重要的是强化安全保障。在 R16 阶段，C-V2X 将向更大流量带宽、更高可靠性、更低延迟，以及宽带测距和定位的方向发展，实现先进的安全保障。R16 会将 C-V2X 的应用扩展到远程驾驶、车辆编队（Vehicle Platooning）、高级驾驶（Advanced Driving）等领域。

对于工业物联网和 uRLLC 增强，3GPP 关注的焦点主要在于其商业和工业用例，例如 AR/VR、自动化工厂、交通运输业以及电力分配等。R16 将在 R15 的基础上，从 L1/L2/L3 多方面增强可靠性和降低延迟。

不同于上述已经比较明确的研究方向，3GPP 对 5G 与卫星通信以及 52.6 GHz 以上高频 5G 仍然在摸索阶段，尚未明确具体的方向。对上述 5G 扩展方向的研究和讨论总体上从 2018 年第 3 季度开始，预计将于 2019 年年底结束，具体时间如图 1-2 所示。

R16 还将在多个维度对提升 5G 的效率进行研究，目前可以明确的具体研究方向包括以下几个。

（1）干扰抑制。

（2）5G 自组织网络（SON，Self-Organizing Network）和大数据。

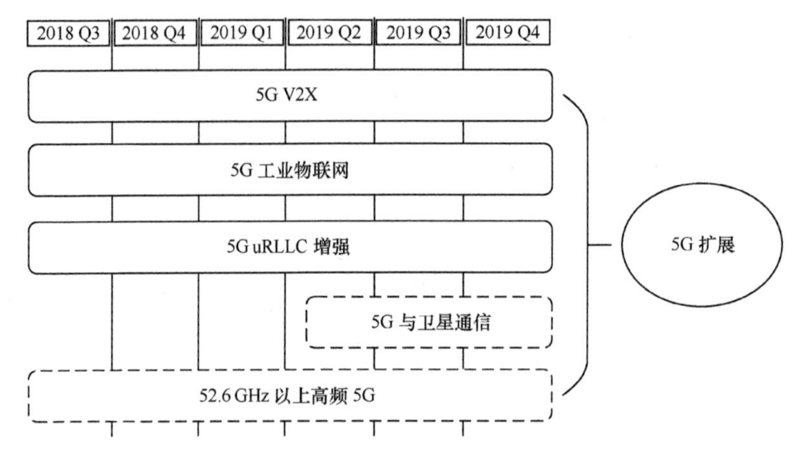

图 1-2　R16 5G 扩展研究内容及时间

（3）5G MIMO 增强。

（4）5G 位置和定位增强。

（5）5G 功耗降低。

（6）双连接增强。

（7）设备能力转换。

（8）移动性增强。

（9）非正交多址接入（NOMA，Non-Orthogonal Multiple Access）。

对上述 5G 效率提升方面的研究和讨论总体上从 2018 年第 3 季度开始，预计将于 2019 年年底结束，具体时间表如图 1-3 所示。其中，对于非正交多址接入的研究早已启动，但并没有包含在 R15 中。

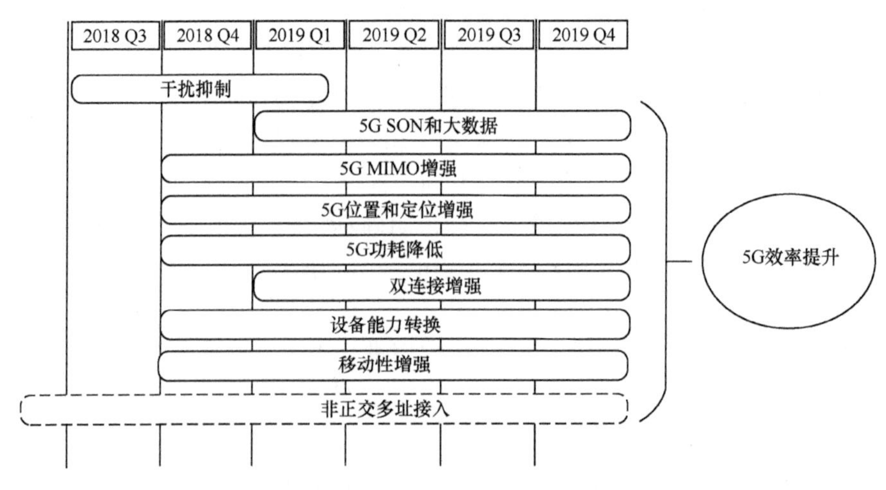

图 1-3　R16 5G 效率提升研究内容及时间

另外，对5G能力扩展和资源效率之间平衡的探索将会影响R16的具体内容。

1.4 5G部署的主要挑战

推动5G加速部署的关键因素，同时也是5G商用部署的主要挑战和障碍。面向急速增长的移动数据流量需求，移动运营商面临着前所未有的巨大压力。随着业务多样性的发展，运营商的竞争对手在类型和数量上都在向全IP世界扩展。这些新的竞争对手有些可以以更低的成本提供服务，有些具有更灵活的开发环境，便于加快产品上市的速度。

为了在5G时代生存和发展，移动运营商需要新的方法来构建网络，提供具有成本效益、灵活性和便捷性的服务。甚至，运营商可能需要新的业务模式和收费模式，以确保在5G投资成本和运营环境中获得可观收益。

对于运营商而言，5G部署的主要障碍不在于技术或应用价值，而在于运营商如何从5G网络中获利。全球信息提供商IHSMarkit在一项调查报告中表示：升级到5G网络的首要障碍是“未定义的商业模式”。一些5G发展进程较快的国家已经开始对商业模式进行探索和试用。

韩国三大运营商之一的KT已于2018年12月1日正式启动5G商用，位于乐天世界大厦的观光机器人Lota成为KT的首个5G服务客户，其使用的包月套餐服务，每月流量上限为10 GB，价格约合人民币300元，相当于每吉比特流量30元，比目前韩国的4G资费高。

芬兰运营商Elisa推出了不限量、不限速的5G移动套餐，每月收费50欧元，约合人民币400元。这种资费方式虽然费用较高，但可能更符合芬兰的国情。据调查，截止到2017年12月，芬兰人的月均数据流量使用量已经到达20 GB。

美国AT&T同样在2018年12月正式上线5G服务。由于预计5G手机于2019年才能上线销售，AT&T推出了一款名为“Nighthawk移动热点”便携式设备，用户可通过该设备将手机、笔记本电脑和平板电脑等设备连接到5G网络。在资费方面，AT&T公司表示会首先向“精选”的企业和消费者提供90天的Nighthawk 5G网络服务免费试用。之后，用户需要缴纳499美元（约合人民币3 440元）的初始费用，并在使用期间的每个月缴纳70美元（约合人民币480元）的费用，而该套餐每月流量上限为15 GB。

1.5 国内外运营商发展现状

截止到 2018 年年底，美国、芬兰、韩国已开启了小规模 5G 商用。预计 2019 年将有包含中国、日本等在内的更多国家启动 5G 小规模商用，而大规模的 5G 网络部署及商用将出现在 2020 年及以后。目前，所有的主流通信设备厂商都在与运营商积极合作，进行 5G 商用的测试和探索。

重大体育赛事成为运营商展示 5G 技术、为用户提供直观感受的绝佳机会。在 2018 年 2 月举办的韩国平昌冬奥会上，5G 技术惊艳亮相，不但向世界展示了未来技术能够为用户体验带来的巨大改变，同时也展示了韩国在 5G 领域的领先地位。毫无疑问，5G 应用在平昌冬奥会上的成功成为韩国进一步加速 5G 商用进程的重要激励。2018 年 4 月，由韩国政府出面协调，韩国三大运营商 SK、KT 与 LGU+达成一致，决定在 5G 部署上实行共建共享的原则，充分利用资源以减少重复投资，并加速推进 5G 商用。此后，韩国三大运营携手共同布局 5G。2018 年 6 月，韩国完成了 5G 频谱的拍卖，成为全球首个同时完成 3.5 GHz 和 28 GHz 频谱拍卖的国家。2018 年 12 月 1 日，韩国三大运营商同步在韩国部分地区进行小规模的 5G 商用。

日本的主要运营商 NTT DoCoMo 和软银开展了大量的 5G 外场试验，包括 eMBB 相关试验、超高清视频、无人驾驶和低延迟远程控制等。如果说 2018 年平昌冬奥会上使用的是不完全符合要求的“类 5G”应用，那么 2020 年东京奥运会可能将成为实际意义上的全球首个应用 5G 的重大体育赛事。为了在 2020 年实现实用化的高速、大容量的下一代通信标准“5G”的新观战方式，日本运营商正在积极筹划和部署。如果进行得顺利，这也必将大力推动日本的 5G 商用发展。

在美国，AT&T 率先于 2018 年 12 月推出了 5G 商用服务，而其他运营商也在 2019 年陆续推出 5G 服务。T-Mobile 宣布计划从 2019 年开始使用部分新收购的 600 MHz 频谱部署 5G 网络。Verizon 计划在 2019 年推出 5G 热点。Sprint 计划在 2019 年推出 2.5 GHz 频谱的商用 5G 服务，并称将于同一时期推出 5G 手机。

芬兰 Elisa 推出的 5G 网络服务目前网速最高可以达到 600 Mbit/s（75 Mbyte/s）。此外，Elisa 还宣布使用华为正在研发的一款 5G 柔性折叠手机拨打电话。

在我国，从中国联通、中国移动和中国电信公布的5G发展进度来看，三大电信运营商预计在2019年第3季度建成全国范围内可商用的5G网络。在此之前，在一些重点城市将会提前启动小规模5G试商用。全国范围的5G正式商用预计在2020年实现。在5G网络资费规则的制订上，中国移动曾公开表示5G资费不会很高，人人都能承担得起。一方面，这符合我国“提速降费”的改革方针；另一方面5G网络时代运营商的盈利模式将出现变化，其最大的利润来源将不再是个人用户，而是企业用户。

第2章 5G网络结构

5G网络在继承4G网络基本架构的同时，创新性地采用了服务化架构，并引入了网络切片、移动边缘计算等先进技术，这使5G网络具备更高的弹性和效率。在无线侧，5G提供了多种可选的无线网络部署策略，以助力4G向5G的平滑演进。本章首先简要介绍5G网络整体结构；然后分别对无线网络部署策略及5G核心网架构进行介绍；进一步介绍网络切片和MEC与5G网络的融合；最后阐述5G网络中的CU/DU分离与主要的承载技术。

2.1 网络整体结构

5G 网络将会满足高速移动和全面连接的社会要求。连接对象和设备的激增将为各种新型服务和相关业务模式铺平道路，从而实现各行业和垂直市场的自动化（例如能源、电子医疗、智慧城市、联网汽车、工业制造等）。除了更普遍的以人为中心的应用（如虚拟和增强现实，4K 视频流等）以外，5G 网络将支持机器对机器（M2M，Machine-to-Machine）和机器对人类（M2H，Machine-to-Human）应用的通信需求，使我们的生活更安全、更方便。与当今占主导地位的人与人的通信流量相比，自动通信的设备创建的移动流量必将具有明显不同的特征。以人为中心的应用和机器类型应用程序的共存要求 5G 网络必须支持非常多样化的功能，并满足全面的关键性能指标（KPI，Key Performance Indicator）要求。

为了满足上述需求，需要 5G 网络整体架构具有极大的灵活性。因此，3GPP 在 5G 网络架构设计中引入了网络切片技术，通过向运营商提供“面向客户”的按需网络切片满足垂直行业对专用电信网络服务的需求，如图 2-1 所示。将这种以客户为中心的服务水平协议（SLA，Service Level Agreement）映射到面向资源的网络切片描述（网络切片描述用于切片实体的实例化和激活）的需求变得明显。过去，运营商在有限数量的服务/片类型（主要是移动宽带、语音服务和短信服务）上以手动方式执行这种映射。随着此类客户请求数量以及相应切片的增加，移动网络管理和控制框架必须对网络切片实例的整个生命周期管理实现高度自动化。

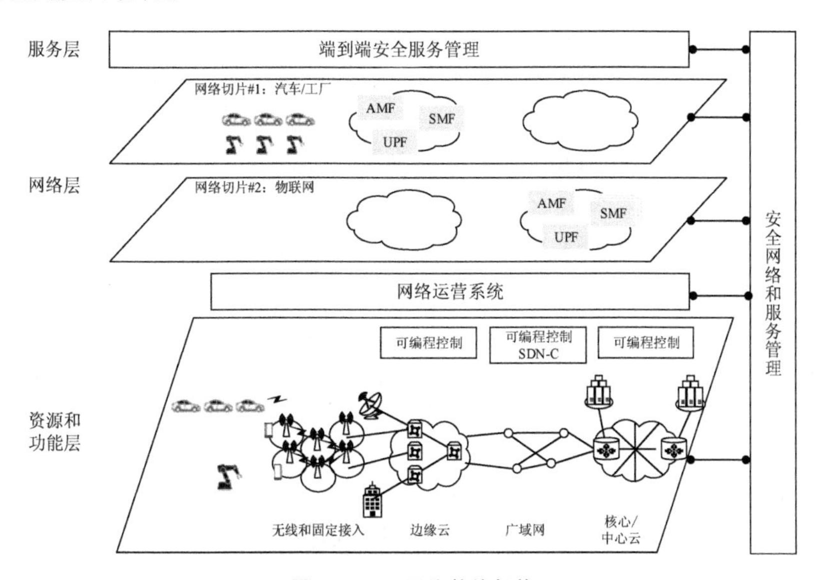

图 2-1 5G 网络整体架构

更具体地说，切片生命周期自动化必须通过体系结构实现，并且包括实现所有生命周期阶段的认知过程（包括准备阶段、实例化、配置和激活阶段、运行时阶段和退役阶段）的功能和工具。实现上述结构的两个基本技术包括实现网络功能虚拟化的软件化技术与实现网络结构和基础设施资源可编程的软件定义技术。其他关键要素构成了有效的管理和协调程序与协议。最后，利用多域数据源的可扩展的、以服务为中心的数据分析算法，以及可靠的安全机制，将以一种值得信赖的方式实现在公共基础架构上部署具有不同虚拟化网络功能的定制网络服务。

5G 语境中的递归结构可以理解为可被重复使用的设计、规则或过程。在网络服务语境中，此递归结构可以是网络服务的特定部分，也可以是部署平台的重复部分，并且定义为从现有服务中构建新服务的能力。网络服务可以递归地扩展，也就是说一种服务模式可以替代其自身的一部分。与递归服务的定义一样，在软件的角度上，5G 架构的递归结构可被重复地实例化和多次连接。由于相同的实例可在同一时间、在多处不同位置上被重复部署，因而提高了网络结构的可扩展性。递归结构还可以更容易地对网络弹性、可扩展性和变化进行管理。通过将部分服务委托给同一软件块的多个实例来实现递归，是处理复杂和庞大的工作负载或服务图的有效方法。如果从 5G 部署初期就将递归结构考虑在内，将有助于以极小的成本发挥递归结构的优势。

针对虚拟化的基础设施，这种递归结构允许切片实例在由下面的切片实例提供的基础设施资源之上运营。租户（指切片实例的所有者）可以像操作物理基础设施资源一样对其虚拟基础设施进行操作，可将部分资源分配和转售给其他租户。这意味着，每个租户可以拥有和部署自己的管理和协调（MANO，Management and Orchestration）系统。为了支持递归，需要一组同构的应用程序编辑接口（API，Application Programming Interface）来为每个切片的管理提供一个抽象层，并控制底层虚拟资源，其中，底层虚拟资源对于租户正在操作的层次级别是透明的。不同的租户通过这些 API 请求网络提供切片。通过模板、蓝图或服务级别协议（SLA，Service-Level Agreement），每个租户不仅可以指定切片特征（拓扑、QoS 等），还可以指定一些扩展属性，例如所需的弹性、管理和控制级别。服务提供商必须满足要求并对可用资源进行管理。

2.2 网络部署模式

过去，新一代移动通信系统的网络部署完全是独立进行的，并不会对已建移动通信系统加以考虑。到了 5G 时代，由于 5G 将长期与 4G 共存甚至紧密合作，因而 4G 与 5G 的联合部署成为网络部署策略研究中的重点。2016 年 6 月的 3GPP JointRAN/SA Meeting 提案中涉及 8 类备选方案（option1～8），共 12 种 5G 网络部署模式。经过研究，认为其中的 option6（独立部署，5G NR 接入 4G EPC）和 option8（非独立部署，5G NR 作为主节点接入 4G EPC）只在理论上成立、不具有实际意义，因而在 2016 年 12 月的 3GPP TSG-RAN 第 72 次全体大会上确定标准将不对 option6 和 option8 进行进一步研究。其中 option3/option4/option7 是在 3GPP TR38.801 中重点介绍的 LTE 与 NR 双连接的网络部署架构选项。

未来，5G 网络部署备选方案可分为两大类：独立部署（SA）和非独立部署（NSA）。NSA 架构构建在 LTE-NR 双连接技术的基础之上，用户终端须同时连接一个 LTE 节点和一个 NR 节点，其中一个节点作为主节点，负责控制面信令的传递；另一个节点作为辅节点，辅助用户面数据的转发。option3/option4/

option7 是基于 NSA 架构的备选方案，区别在于 LTE 节点和 NR 节点承担不同的角色，以及部署的核心网不同。SA 架构中无线侧只存在一类节点，不同部署模式（option1/option2/option5）的区别在于选取的无线接入网节点和核心网不同。

2.2.1 option1

option1 实际上就是目前的 LTE/EPC 网络结构，无线接入网节点为 4G eNB，通过 S1 接口与 4G 核心网 EPC 连接，eNB 直接通过 X2 接口连接。option1 代表了 5G 网络建设的起点，5G 网络部署模式（option1 和 option2）如图 2-2 所示。

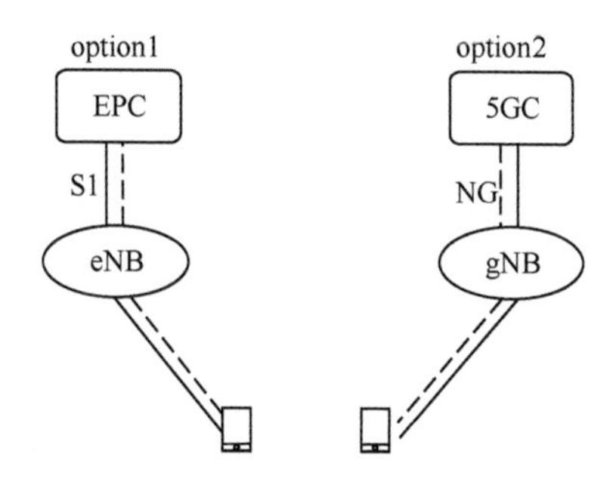

图 2-2 5G 网络部署模式（option1 和 option2）

2.2.2 option2

option2 为独立组网的 5G 网络结构，是由 NR 技术和 5GC 构建的完整的 5G 网络，如图 2-2 所示。无线接入网节点为具备全部 NR 功能的 gNB，通过 NG 接口与 5GC 连接，gNB 之间通过 Xn 接口连接。这种模式需要进行充分的 gNB 部署，保障基本的 NR 连续覆盖。可以认为，option2 是 5G 网络发展的最终结构。

2.2.3 option3/3a/3x

option3 系列的无线接入网采用 LTE-NR 双连接技术，其中 LTE 节点 eNB 作为主节点、NR 节点 en-gNB 作为辅节点，核心网采用 4G EPC，如图 2-3 所示。从图中可以看出，主节点 eNB 与 EPC 之间的连接利用的是 S1 接口，包括负责控制面转发的 S1-C 接口和负责用户面转发的 S1-U 接口。辅节点 en-gNB 是只具备部分 gNB 功能的 NR 节点，只辅助用户面转发。

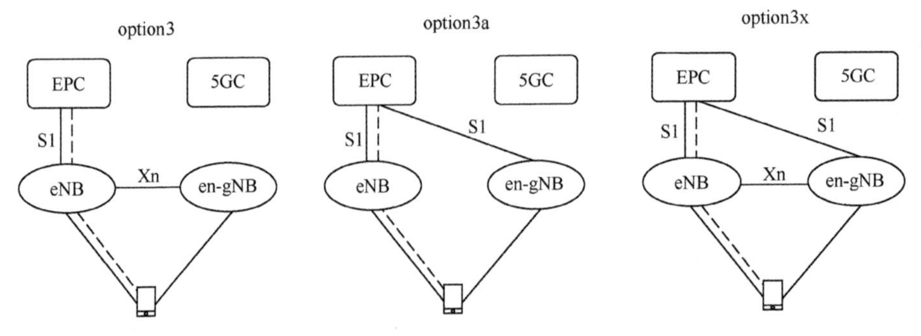

图 2-3　5G 网络部署模式 option3/3a/3x

根据分割用户面数据承载的位置不同，option3 系列分为 option3/3a/3x 这 3 种部署模式。option3 模式中数据承载由主节点 eNB 进行分割，此时辅节点 en-gNB 通过 X2-U 节点与主节点 eNB 连接，与核心网 EPC 没有连接。option3a 模式中数据承载由核心网进行分割，此时辅节点 en-gNB 通过 S1-U 与核心网 EPC 连接，与主节点 eNB 没有连接。option3x 模式中数据承载既可由核心网分割，又可由主节点分割，因此，辅节点 en-gNB 需要与主节点 eNB 和核心网 EPC 都建立连接。

option3 系列部署模式由于控制面锚点在 LTE 节点上，因此，可以依托现有的 4G 基站实现连续覆盖。但由于核心网仍然采用 EPC，因而无法真正满足 ITU 定义的 5G 需求。

2.2.4　option4/4a

option4 系列的无线接入网采用 LTE-NR 双连接技术，其中，NR 节点 gNB 作为主节点，LTE 节点 ng-eNB 作为辅节点，核心网采用 5GC，如图 2-4 所示。从图中可以看出，主节点 gNB 通过 NG 接口与 5GC 连接；辅节点 ng-eNB 是 eNB 的升级版本，可以通过 Xn 接口与 gNB 连接（option4），也可通过 NG 接口与 5GC 连接（option4a）。

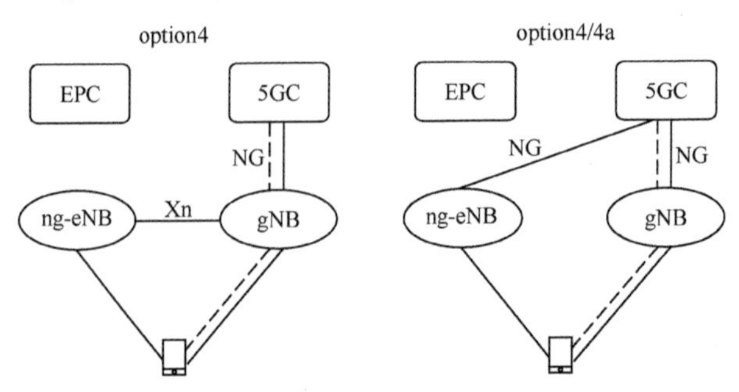

图 2-4　5G 网络部署模式 option4/4a

option4 系列部署模式控制面锚点在 NR 节点上，需要 5G NR 实现基本的连续覆盖，同时需要部署 5GC。在这种部署模式下，作为辅节点的 LTE 节点主要用于提高容量。option4/4a 有完整的 NR/5GC 结构，因此，能够支持包括 eMBB、uRRLC 和 mMTC 在内的 5G 应用场景。

2.2.5 option5

option5 是一种独立部署模式，无线接入网采用升级的 LTE 节点 ng-eNB，通过 NG 接口与 5GC 连接，如图 2-5 所示。ng-eNB 之间通过 Xn 接口互联。

option5 部署模式需要部署 5GC。在无线侧，option5 部署模式可以通过在现网 LTE 基础设施上进行升级来实现，无须建设 gNB。option5 部署模式能够支持部分 5G 应用，网络能力主要受 ng-eNB 能力的约束。

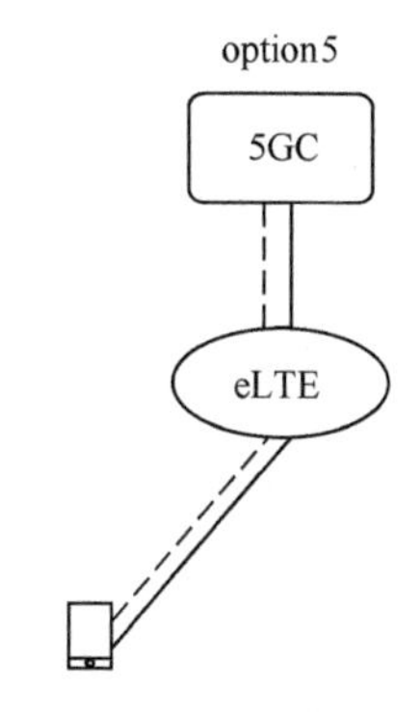

图 2-5 5G 网络部署模式 option5

2.2.6 option7/7a/7x

option7 系列的无线接入网采用 LTE-NR 双连接技术，其中，LTE 节点 ng-eNB 作为主节点，NR 节点 gNB 作为辅节点，核心网采用 5GC，如图 2-6 所示。从图中可以看出，主节点 ng-eNB 通过 NG 接口与 5GC 连接；辅节点 gNB 可以通过 Xn 接口与主节点 ng-eNB 连接（option7），也可通过 NG 接口与 5GC 连接（option7a），或者同时与主节点和核心网连接（option7x）。

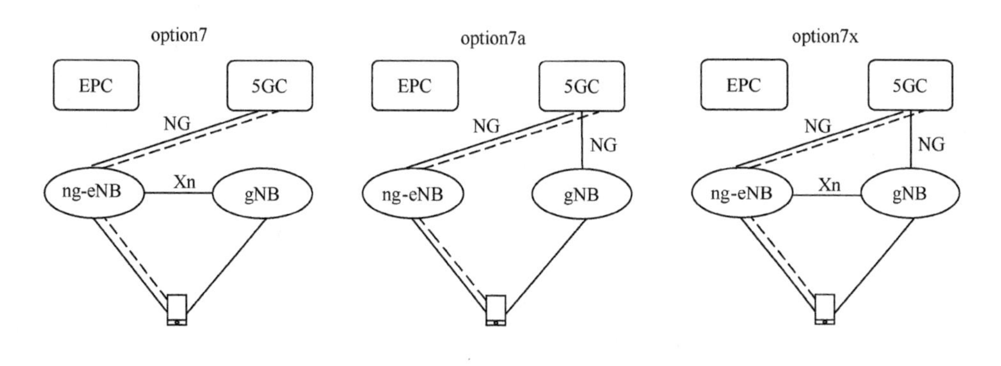

图 2-6 5G 网络部署模式 option7/7a/7x

与 option3 系列相同，option7 系列部署模式也可借助现有 4G 站点实现基础的连续覆盖。相比于 option3 系列，option7 系列由于引入了 5GC，因而能够在一定程度上实现低延迟、高可靠等业务需求。

2.2.7 演进路径

目前，受到业界关注的 5G 网络演进路径主要有以下 3 种。

1. option2 独立部署

以 option2 部署模式展开 5G 网络建设的发展思路，需要能够基本实现 NR 连续覆盖的 gNB 建设规模，以及功能完备的 5GC。由于工作频段较高，gNB 单站覆盖能力较差，因而为满足连续覆盖所需的无线基础设施建设的投资规模更大，实现大规模商用的建设周期也更长。但是从长远来看，直接部署独立的 5G 网络省略了中间过程的投资，并能够加速 5G 应用的实现。

2. option5→option7→option2

以 LTE-NR 双连接为基础的 5G 网络部署模式能够显著降低初期投资、加速 5G 网络商用。在 5G 核心网部署进程较快的情况下，可以选择以 option5 的模式开启 5G 网络建设，即对 4GeNB 进行升级，并将升级后的 ng-eNB 接入 5GC；之后根据业务需求逐步进行 en-gNB 部署，即发展为 option7 部署模式；最终演进为独立部署的 5G 网络（option2），如图 2-7 所示。

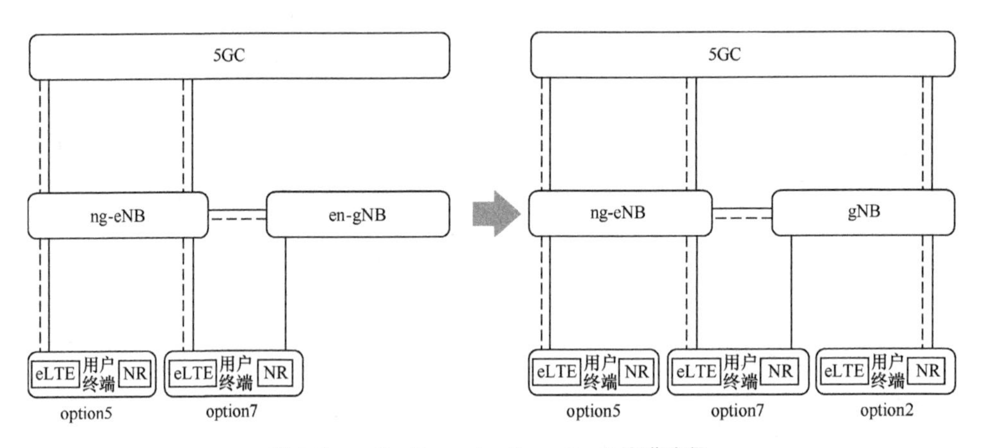

图 2-7　option5→option7→option2 演进路径

3. option3→option7→option2/4

另外一种以 LTE-NR 双连接为起点的 5G 网络演进思路是：首先在无线侧引入 en-gNB（option3），此时只能实现部分 eMBB 类型的 5G 应用；然后根据

5GC 的建设情况适时引入 5G 核心网（option7）；最终向 option2/option4 演进，如图 2-8 所示。

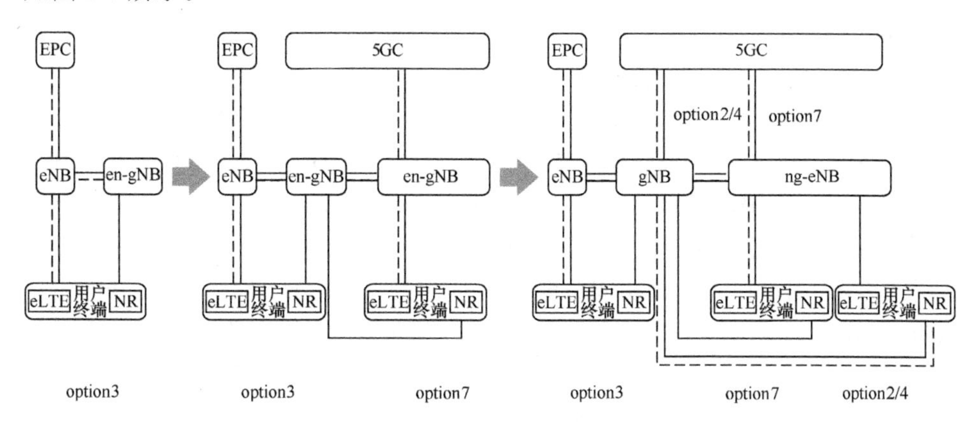

图 2-8　option3→option7→option2/4 演进路径

2.3　5G 系统架构

R15 中定义了 5G 整体架构模型和原理，规范了宽带数据服务支持、用户认证和服务使用授权、一般应用支持等，特别地规范了对更接近无线侧的边缘计算的支持。它对 3GPP IP 多媒体子系统的支持还包括紧急和监管服务规范。此外，5G 系统架构模型从一开始就规范了实现不同接入系统用户服务的统一形式，例如，固定网络接入或互通无线局域接入网（WLAN，Wireless Local Access Network）（指 WLAN 与 5G 的互通）。R15 中定义的 5G 系统架构提供与 4G 的互通和迁移、网络功能暴露和许多其他功能。关于 5G 系统架构的完整描述可参见 3GPP 规范 TS 23.501、TS 23.502 和 TS 23.503。

2.3.1　网络服务

与过去的移动通信系统不同，5G 系统架构将逐渐取消专用的网元设备，转而采用在通用服务器上部署各种网络功能（NF，Network Function）的形式。NF 是 5G 系统逻辑架构中的组件，主要包括以下几种。

- AMF（Access and Mobility Management Function）

接入和移动管理功能，是 RAN 控制面接口（N2）的终止，也是 NAS（N1）

协议的终止，为 NAS 提供加密和完整性保护。AMF 的主要功能还包括接入授权和认证、连接管理、移动管理等。在与 EPS 互操作的场景中，AMF 负责 EPS 承载 ID 的分配。

- SMF（Session Management Function）

会话管理功能，主要负责会话建立、修改和释放，以及 UPF 与接入网（AN，Access Network）节点之间的通道维护。SMF 提供 DHCP 功能，并负责为用户终端分配和管理 IP 地址。SMF 作为 ARP 代理和/或 IPv6 邻居征集代理，通过提供与请求中发送的 IP 地址对应的 MAC 地址来响应 ARP 和/或 IPv6 邻居征集请求。SMF 另一个重要的功能是选择和控制用户面功能，包括控制 UPF 代理 ARP 或 IPv6 邻居发现，或将所有 ARP/IPv6 邻居请求流量转发到 SMF，用于以太网 PDU 会话。

- UPF（User Plane Function ）

用户面功能，是 RAT 内及 RAT 间移动时的锚点，也是与 DN 互联的外部 PDU 会话点。UPF 负责分组路由和转发相关功能，如支持上行链路分类器将业务流路由到一个数据网络实例、支持分支点以支持多宿主 PDU 会话。UPF 也负责分组检查，如服务化数据流模板的应用检测。

- PCF（Policy Control Function）

PCF 支持统一的策略框架来管理网络行为。为控制面功能提供强制执行的策略规则。访问与统一数据存储库（UDR）中的策略决策相关的订阅信息。

- NEF（Network Exposure Function）

网络暴露功能主要包含 3 类独立的功能。（1）能力和事件曝光：3GPP NF 通过 NEF 向其他 NF 公开功能和事件，NF 暴露的能力和事件可以安全地暴露给第三方、应用功能（AF，Application Function）、边缘计算。NEF 使用标准化接口（Nudr）将信息作为结构化数据存储/检索到 UDR（统一数据存储库）。（2）提供从外部应用程序到 3GPP 网络的安全信息：为 AF 提供一种安全地向 3GPP 网络提供信息的方法，例如，预期的用户行为，在这种情况下，NEF 可以验证和授权并协助限制 AF。（3）内部-外部信息的翻译：在与 AF 交换的信息和与内部 NF 交换的信息之间进行转换，例如，在 AF 服务识别（AF-Service-Identifier）和内部 5G 核心网信息（如 DNN、S-NSSAI）之间进行转换。NEF 还可根据网络策略处理对外部 AF 的网络和用户敏感信息的屏蔽。

- NRF（Network Repository Function）

网络存储功能主要负责 NF 的发现和维护等。NF 服务发现是指从 NF 实例接收 NF 发现请求，并将发现的（或被发现的）NF 实例的信息提供给 NF 实例。NF 维护是指对可用 NF 实例及其支持服务的 NF 配置文件的维护。NRF 中维护的NF实例的描述信息主要包含NF实例ID、NF类型、PLMN ID网络切片相关的识别器（如S-NSSAI、NSI ID）、NF的FQDN或IP地址、NF能力信息、NF特定服务授权信息等。

• UDM（Unified Data Management）

统一数据管理，负责对用户的识别（例如，5G系统中每个用户的SUPI的存储和管理），及生成3GPP认证与密钥协商（AKA，Authentication and Key Agreement）身份验证凭据。UDM负责订阅管理，并基于订阅数据进行访问授权（例如漫游限制）。UDM对用户终端的服务NF进行注册管理（如为用户终端存储服务AMF，为用户终端的PDU会话存储服务SMF）。UDM支持服务/会话连续性，如通过保持SMF/DNN分配正在进行的会话。

• AUSF（Authentication Server Function）

认证服务器功能，支持TS 33.501中规定的3GPP接入和不受信任的非3GPP接入认证。

• AF（Application Function）

应用功能，与3GPP核心网交互以提供服务，支持应用对流量路由的影响、访问NEF、与策略架构交互等。基于运营商的部署，被运营商信任的AF可直接与相关NF交互，不被信任的AF则需要通过NEF采用外部暴露框架与相关的NF进行交互。3GPP仅对AF与3GPP核心网交互的能力和目的进行规范，不涉及AF提供的具体服务。

• NSSF（Network Slice Selection Function）

网络切片选择功能，主要包括为用户终端选择服务的网络切片实例集合、确定允许的和已配置的网络切片选择辅助信息（NSSAI，Network Slice Selection Assistance Information）、确定服务用户终端的AMF集合等。

• DN（Data Network）

数据网络，如运营商服务、互联网接入和第三方服务等。

除图 2-9中包含的NF，5G系统结构中还包含以下NF。

• N3IWF（Non-3GPP Inter Working Function）

非3GPP互操作功能，在不受信任的非3GPP访问情况下负责与UE建立IPSec隧道、为控制面和用户面N2和N3接口提供终止、为用户终端和AMF之间的上行链路和下行链路控制面NAS（N1）信令提供中继、处理与PDU会话和QoS相关的SMF（由AMF中继）的N2信令、建立IPSec安全关联（IPSec SA）以支持PDU会话流量。

• UDR（Unified Data Repository）

统一数据存储库中保存的数据及主要功能包括存储和检索UDM的订阅数

据、存储和检索 PCF 的策略数据、存储和检索结构化数据以便进行暴露、存储和检索 NEF 的有应用数据[包括用于应用检测的分组流描述(PFD, Packet Flow Description)和用于多个 UE 的 AF 请求信息]。UDR 与使用 Nudr(PLMN 内部接口)存储和从中检索数据的 NF 服务使用者在相同的 PLMN 中，部署时可以选择将 UDR 与 UDSF 并置。

- UDSF(Unstructured Data Storage Function)

非结构数据存储功能，是 5G 系统架构中可选的功能模块，主要用于存储任意 NF 的非结构数据。

- SMSF(Short Message Service Function)

短消息服务功能，支持基于 NSA 的短信服务，包括短信管理订阅数据检查和相应的短信传送等。

- 5G-EIR(5G-Equipment Identity Register)

5G 设备识别寄存器，是 5G 系统架构中可选的功能模块，主要用于检查 PEI 的状态(例如，检查它是否已被列入黑名单)。

- LMF(Location Management Function)

位置管理功能，主要负责用户终端的位置确定。LMF 可从用户终端获得下行链路位置策略或位置估计，也可从 NG RAN 获得上行链路位置测量，同时能够从 NG RAN 获得非用户终端相关的辅助数据。

- SEPP(Security Edge Protection Proxy)

安全边缘保护代理，是一种非透明代理，主要负责 PLMN 之间的控制面接口消息过滤和监管。SEPP 从安全角度保护服务使用者和服务生产者之间的连接，即 SEPP 不会复制服务生产者应用的服务授权。

- NWDAF(Network Data Analytics Function)

网络数据分析功能，代表运营商管理的网络分析逻辑功能。NWDAF 为 NF 提供切片层面的网络数据分析，在网络切片实例级别上向 NF 提供网络分析信息(即负载级别信息)，其并不需要知道使用该切片的当前订阅用户。NWDAF 将切片层面的网络状态分析信息通知给订阅它的 NF。NF 可以直接从 NWDAF 收集切片层面的网络状态分析信息。此信息不是订阅用户特定的。

2.3.2 服务化架构

与之前几代移动通信系统不同，5G 系统架构是服务化的。这意味着，架构元素在任意适合的位置被定义为网络功能(NF)，通过具有通用框架的接口向获得许可的其他 NF 提供其服务。5G 系统架构中的网络存储功能(NRF)允许每个 NF 发现其他 NF 提供的服务。服务化的架构模型进一步采用了 NF 的模块化、可重用性和自包含等原理，旨在使部署能够利用最新的虚拟化技术和软件技术。

图 2-9 所示是非漫游场景下 5G 系统的服务化架构。图中 Nnssf、Nnef 等是服务化接口，NF 借助服务化接口向其他 NF 提供服务。5G 系统主要的服务化接口包括以下几类。

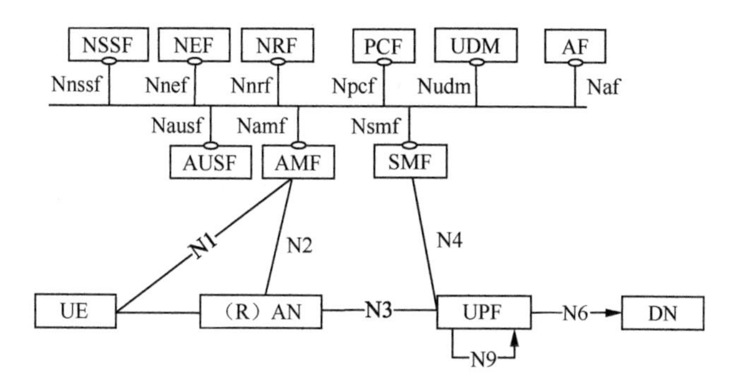

图 2-9 非漫游场景下 5G 系统的服务化架构

- Namf：AMF 的服务化接口。
- Nsmf：SMF 的服务化接口。
- Nnef：NEF 的服务化接口。
- Npcf：PCF 的服务化接口。
- Nudm：UDM 的服务化接口。
- Naf：AF 的服务化接口。
- Nnrf：NRF 的服务化接口。
- Nnssf：NSSF 的服务化接口。
- Nausf：AUSF 的服务化接口。
- Nudr：UDR 的服务化接口。
- Nudsf：UDSF 的服务化接口。
- N5g-eir：5G-EIR 的服务化接口。
- Nnwdaf：NWDAF 的服务化接口。

图 2-10 显示了本地分汇（Local Breakout）漫游场景下服务化系统架构。本地分汇漫游场景中漫游用户终端接入受访的公共陆地移动网络（VPLMN，Visited Public Land Mobile Network）中的 DN，归属 PLMN（HPLMN，Home PLMN）提供来自 UDM 和 AUSF 的订阅信息和来自 PCF 的用户终端特定策略。用户服务所需的 NSSF、AMF、SMF 和 AF 由 VPLMN 提供。UPF 提供的用户

面控制管理遵循与 3GPP 4G 标准相似的控制/用户面分离模型。SEPP 为 PLMN 之间的交互提供保护。

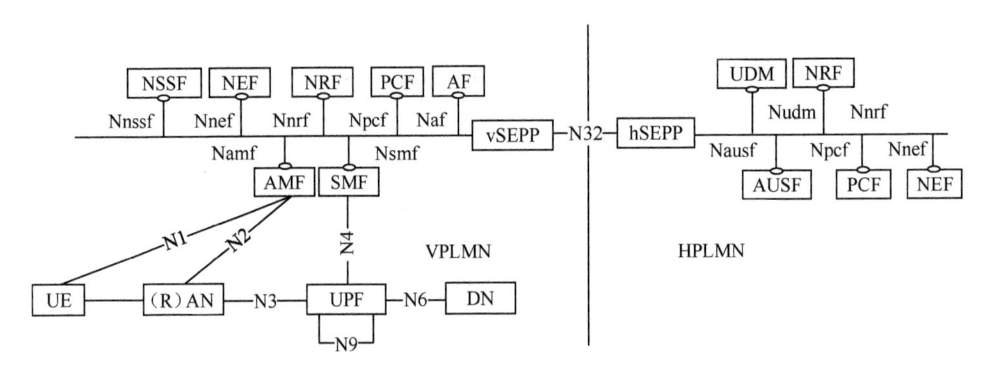

图 2-10 本地分汇漫游场景下服务化系统架构

2.3.3 参考点架构

基于参考点的架构图侧重于表示系统及 NF 之间的互通。图 2-11 描述了非漫游场景的 5G 系统参考点架构。

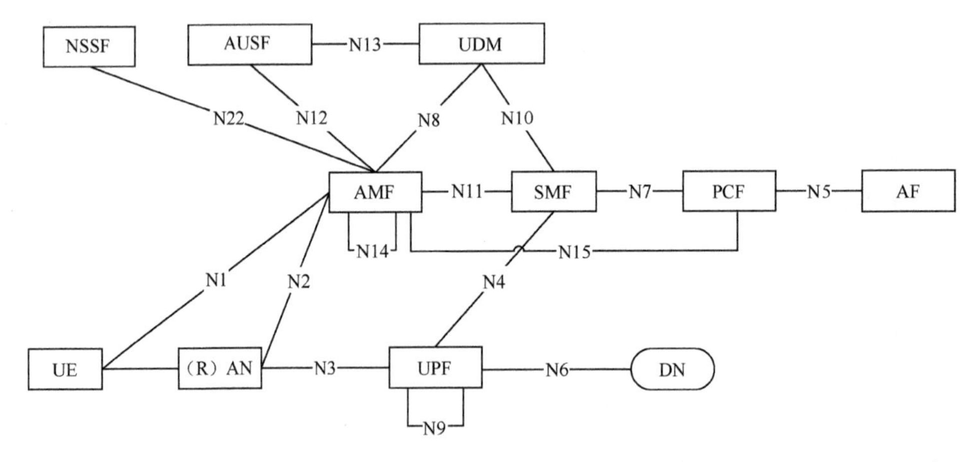

图 2-11 非漫游场景的 5G 系统参考点架构

5G 系统架构中的参考点用来描述 NF 之间的互操作，或者描述 NF 中的 NF 服务之间的互操作。NF 服务间的参考点通过相应的基于 NF 服务的接口，以及为识别的消费者和生产者指定 NF 服务和服务的交互来实现，从而实现特定的系统过程。下述是 5G 系统架构中主要的参考点。

- N1：用户终端与 AMF 之间的参考点。

- N2：接入网与 AMF 之间的参考点。
- N3：接入网与 UPF 之间的参考点。
- N4：SMF 与 UPF 之间的参考点。
- N6：UPF 与一个数据网络之间的参考点。
- N9：两个 UPF 之间的参考点。
- N5：PCF 和一个 AF 之间的参考点。
- N7：SMF 与 PCF 之间的参考点。
- N8：UDM 与 AMF 之间的参考点。
- N10：UDM 与 SMF 之间的参考点。
- N11：AMF 与 SMF 之间的参考点。
- N12：AMF 与 AUSF 之间的参考点。
- N13：UDM 与 AUSF 之间的参考点。
- N14：两个 AMF 之间的参考点。
- N15：非漫游场景中 AMF 与 PCF 之间的参考点，漫游场景中 AMF 与受访网络 PCF 之间的参考点。
- N16：两个 SMF 之间的参考点，在漫游场景中为受访网络 SMF 与归属网络 SMF 之间的参考点。
- N17：AMF 与 5G-EIR 之间的参考点。
- N18：任意 NF 与 UDSF 之间的参考点。
- N22：AMF 与 NSSF 之间的参考点。
- N23：PCF 与 NWDAF 之间的参考点。
- N24：受访网络的 PCF 与归属网络的 PCF 之间的参考点。
- N27：受访网络中的 NRF 与归属网络中的 NRF 之间的参考点。
- N31：受访网络中的 NSSF 与归属网络中的 NSSF 之间的参考点。
- N32：受访网络中的 SEEP 与归属网络中的 SEEP 之间的参考点。
- N33：NEF 与 AF 之间的参考点。
- N34：NSSF 与 NWDAF 之间的参考点。

在实际应用中，用户终端可能需要同时与多个不同的数据网络进行连接。在 5G 的系统架构中，这种场景可以通过建立多个 PDU 会话实现，也可以由单个 PDU 会话完成。图 2-12 所示为多 PDU 会话支持连接多个数据网络的参考点架构。图中，用户终端通过两个 PDU 会话同时连接两个数据网络（例如，一个本地数据网络和一个中心数据网络），两个 PDU 会话选用了两个不同的 SMF。但是，每个 SMF 也可以支持在一个 PDU 会话中控制一个本地 UPF 和一个中心 UPF，如图 2-13 所示。

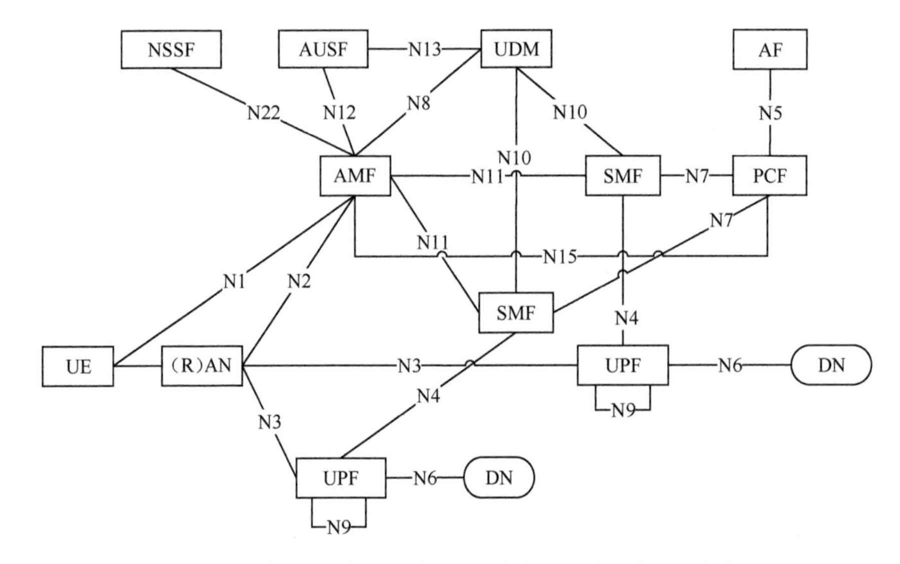

图 2-12　多 PDU 会话支持连接多个数据网络的参考点架构

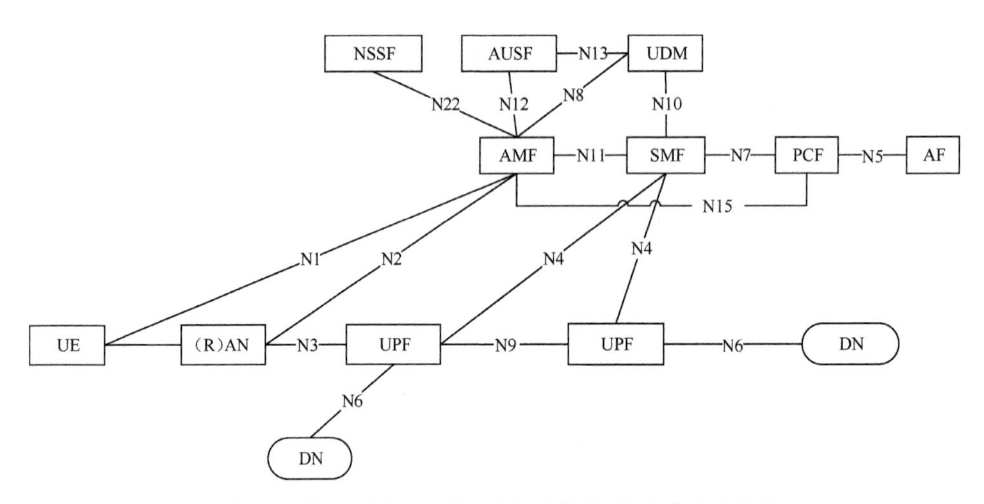

图 2-13　单 PDU 会话支持连接多个数据网络的参考点架构

图 2-14 为本地分汇漫游场景的参考点架构。为了使架构清晰，图中省略了 SEEP（可参见图 2-10）。在本地分汇漫游场景中，用户终端连接受访网络的 AMF 和 SMF。受访网络中的 AMF 和 SMF 分别通过 N8 接口和 N10 接口与用户终端归属网络的 UDM 互通，同时 AMF 需要通过 N12 接口与归属网络的 AUSF 互通以获取认证信息。为了为用户终端确定适当的传输策略，vPCF 与 hPCF 需要通过 N24 接口互通。

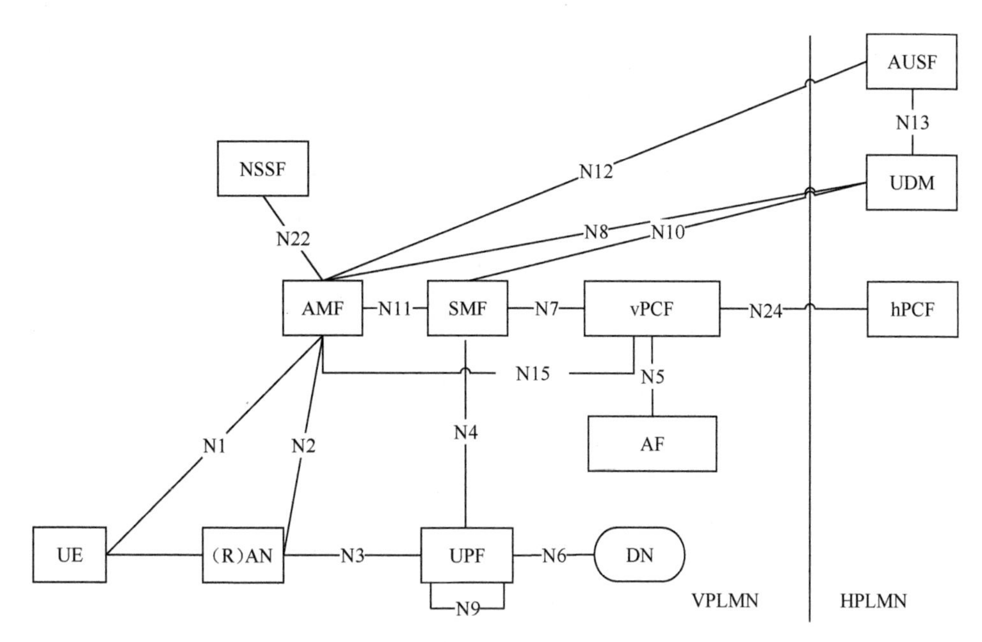

图 2-14　本地分汇漫游场景的参考点架构

3GPP 标准明确了多种典型场景下的系统架构，更多架构可参阅 TS 23.501。

2.3.4　通用的网络架构

能够与多种接入网（AN）实现互通是 5G 的重要特征之一。因此，5G 网络架构设计中充分考虑了网络功能的通用性以及对 AN-CN 接口的前向兼容。在当前的 R15 版本中涉及的不同 AN 包括 3GPP 定义的下一代无线接入网（NG-RAN，Next Generation Radio Access Network）以及非 3GPP 定义的 WLAN。3GPP 已经在进行对其他接入系统的研究，未来的 5G 规范必将引入更多不同的接入网。

5G 系统架构允许通过相同的 AMF 为两个不同的接入网提供服务，同时支持 3GPP 和非 3GPP 接入网之间的无缝移动。各自的认证功能基于统一的认证框架，可根据不同使用场景的需求实现用户认证的定制，如每个网络切片使用不同的认证过程。

2.3.5　应用支持

数据服务是应用支持的基础。与前几代相比，5G 的数据服务为实现定制化提供了更大的灵活性，其中新的 QoS 模型是主要的推动力之一。5G 系统架构的 QoS 模型将数据服务进行差异化处理，不但能够支持各种不同的应用需求，同时还实现了对无线资源的有效利用。图 2-15 举例说明了 5G 的 QoS 模型。图中，服务数据流（SDF，Service Data Flow）代表特定 QoS 规则适用的用户面数据。实际的 SDF 描述采用通用的 SDF 模板。此外，该 QoS 模型可支持不同的接入网，包括固定接入（固定接入的 QoS 可能会要求尽量减少甚至取消额外信令）。标准化分组标记可在没有任何 QoS 信令的情况下通知 QoS 执行功能提供何种 QoS。同时，5G 系统也可以利用 QoS 信令提供更多的灵活性和 QoS 粒度。此外，5G 新引入了反射 QoS 机制，即在没有 QoS 信令的情况下用户终端也可以基于接收到的下行数据推导出上行 QoS 规则，从而进一步减少对 QoS 信令的依赖。

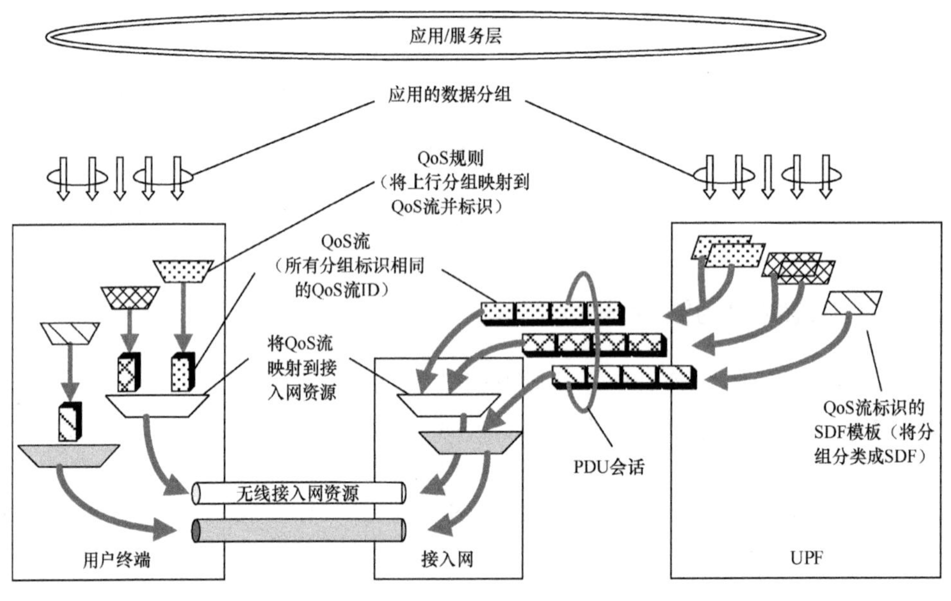

图 2-15　QoS 模型

在 5G 系统架构中，提供数据连接的网络功能兼顾了对边缘计算的支持，以实现快速、灵活的 5G 应用服务。为了支持边缘计算的连续性，除了上行链路分类器（Uplink Classifier）和分支点（Branching Point）之外，5G 还定义了 3 种不同的会话和服务连续（SSC，Session and Service Continuity）模式。图 2-16 描绘了不同的 SSC 模式。其中，SSC 模式 1 等同于传统模式，在用户终端移动过程中 IP 锚点保持不变，负责提供对应用的连续支持，以及当 UE 位置更新时维护对 UE 的转发路径。新引入的模式允许对 IP 锚点重新定位，具体有两种可选的方式：先断后合（Break-Before-Make，SSC 模式 2）和先接后断（Make-Before-Break，SSC 模式 3）。

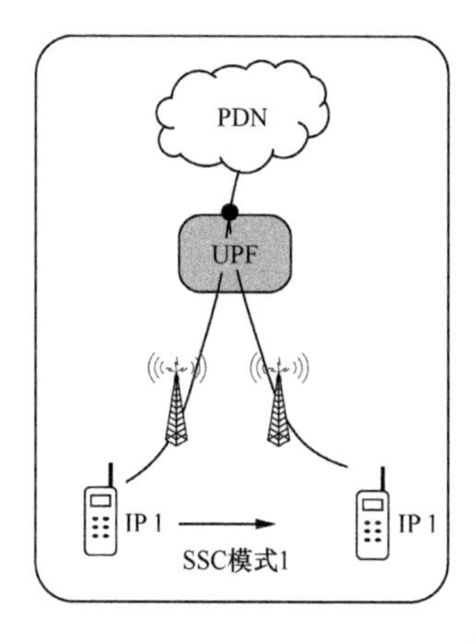

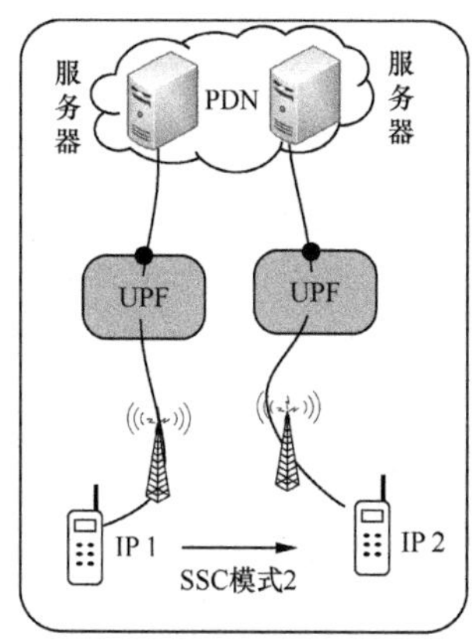

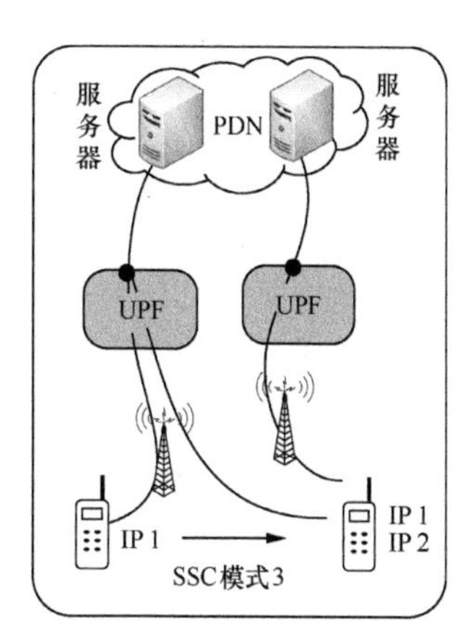

图 2-16　会话和服务连续性模型

5G 网络部署的目标之一是支持大量移动数据流量的高质量服务，因此，高效的用户面路径管理至关重要。除了上述 SSC 模式之外，5G 系统架构中还定义了上行链路分类器和分支点功能，为流量转发提供多个可选的用户面路径。此外，如果策略允许，应用功能可以通过提供与优化业务路由相关的信息来与网络协调，参与业务转发路径的选择。

2.4　网络切片技术

5G 将能够构建逻辑网络切片，创建用户专属或服务专属的网络，应对多样的应用需求。借助于网络切片技术，运营商能够以基于服务的形式提供网络资源，满足 2020 年时间框架内要求的各种用例。

传统的移动通信系统（如 4G）在相同的网络架构（4G 网络对应 LTE/EPC 架构）上托管多个电信服务，如移动宽带、语音和短信。与此不同，网络切片旨在根据 eMBB、V2X、uRLLC、mMTC 等不同业务类型的特点构建定制化的专属逻辑网络。此外，传统移动通信系统采用硬件、软件和功能紧密耦合的单片网元。相比之下，5G 架构通过利用不同的资源抽象技术将基于软件的网络功能与底层基础设施资源分离。例如，网络功能虚拟化（NFV，Network Function Virtualization）和软件定义网络（SDN，Software Defined Networking）等软件化技术可对波分复用技术（WDM，Wavelength Division Multiplexing）或无线资源调度等众所周知的资源共享技术进行补充。NFV 和 SDN 允许不同的租户共享相同的通用硬件，例如商业现货（COTS，Commercial Off The-Shelf）服务器。这些技术可以在公共共享基础设施之上构建完全解耦的端到端网络。图 2-17 对比了 4G 系统的多租户支持与 5G 网络切片的多租户支持。从图中可知，4G 系统在相同的基础设施和网络架构上支持不同的网络业务；5G 系统为不同业务构造不同的逻辑网络，即网络切片。每个切片针对业务需求选择适当的核心网功能（CNF）和接入网功能（RAN），各切片部署在共享的基础设施之上，但在逻辑上保持隔离。多路复用不再在网络级别上发生，而是发生在基础设施级别上。这种结构能够为用户提供更好的体验质量（QoE，Quality of Experience），也能够为移动服务提供商或移动网络运营商提供更高的网络可操作性。

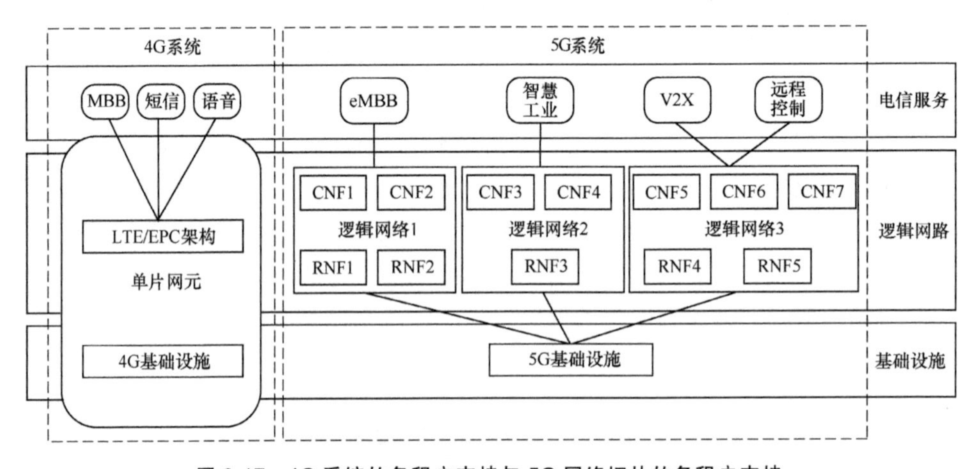

图 2-17　4G 系统的多租户支持与 5G 网络切片的多租户支持

在 3GPP 5G 系统架构的范围内，网络切片指的是 3GPP 定义的特征和功能的集合，这些特征和功能能够形成用于向用户终端提供服务的完整 PLMN。网络切片使网络运营商能够部署多个独立的 PLMN，其中每个 PLMN 针对服务的用户集群或业务客户需求对所需的特征、能力和服务等进行实例化，从而实现 PLMN 定制。图 2-18 表示了一个 PLMN 内部署 4 个网络切片的示例，其中每个切片都包括形成完整 PLMN 所需的全部内容。网络切片#1 和切片#2 都用于智能手机服务，这表明运营商可以部署具有完全相同的系统特征、能力和服务的多个网络切片，但是分别针对不同的业务分组，因此，每个切片可能在用户接入数量和数据容量上有所不同。切片#3 和切片#4 表明，可以在所提供的系统特征、能力和服务上对网络切片进行区分。例如，M2M 网络切片（#4）可以提供适用于物联网的终端省电功能，但这一功能导致的延迟在智能手机应用中是不可接受的。

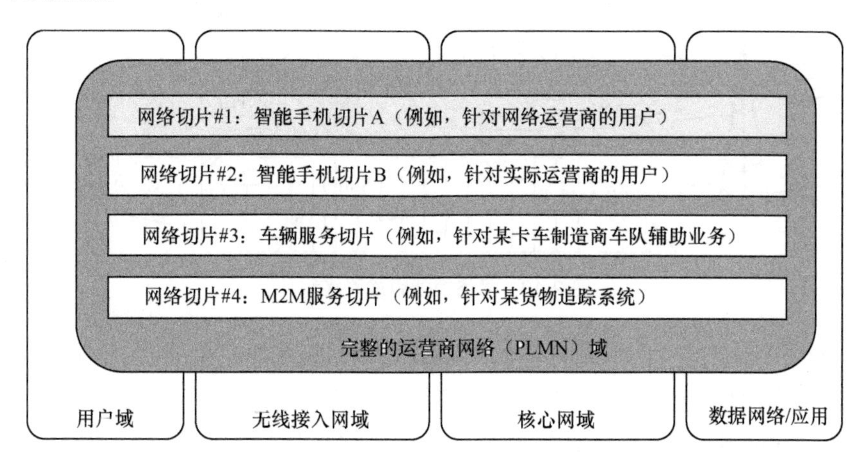

图 2-18　网络切片部署举例

基于服务的架构以及软件化和虚拟化提高了网络部署的灵活性，使运营商能够快速响应客户的需求。运营商可以根据需要定制具备特定功能、特性、可用性和容量的客户专用的网络切片。通常此类部署是基于服务等级协议（SLA，Service Level Agreement）制定的。未来，运营商也可以利用网络切片技术在相同的虚拟化、平台和管理基础设施上同时支持 3GPP 网络和非 3GPP 网络，这将极大降低运营商的网络建设成本，同时可实现对相同资源的灵活分配。

需要注意的是，术语“切片”在工业和学术界用于对几乎任何类型的（网络）资源进行切片。在 5G 系统中，切片特指针对构建 PLMN 的资源。但是，PLMN 网络切片部署时可以使用其他领域内的切片技术，例如传输网中的切片技术等。

图 2-19 展示了 3GPP 网络切片的更多细节。在图中，网络切片#3 属于直接部署，其中所有网络功能仅服务于单个网络切片。网络片段#1 和#2 说明了一个用户终端如何从多个网络切片接收服务。在这样的部署中，AMF、相关策略控制（PCF）和网络功能服务存储库（NRF）被多个网络切片共用。这是因为每个用户终端仅维护一个访问控制和移动性管理实例，该实例负责用户终端的所有服务。用户终端可以通过多个独立的网络切片获得用户面服务（特别是数据服务）。图中的切片#1 为用户终端提供来自数据网络#1 的数据服务，而切片#2 提供来自数据网络#2 的数据服务。除了与应用于用户终端所有服务的公共访问和移动性控制的交互之外，这些网络切片和数据服务彼此独立。因而，可以根据不同的 QoS 数据服务或者不同的应用功能等定制每个网络切片，网络切片的具体特性和能力由策略控制框架确定。

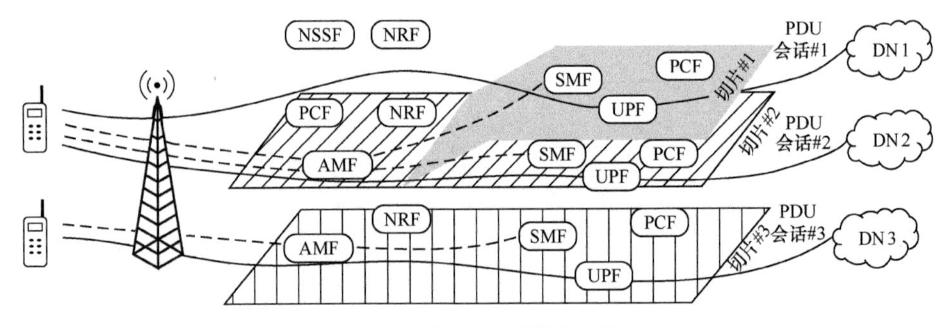

图 2-19 网络功能组成网络切片

网络切片是通过网络切片实例（NSI，Network Slice Instances）来实现的。NSI 中接入网、核心网和传输等不同组成部分又被分为网络切片子网实例（NSSI，Network Slice Subnet Instance），其中，NSSI 的生命周期可独立于 NSI。图 2-20 提供了一个由多个 NSI 提供不同通信服务实例的示例。图中所示的 3 个 NSI 均包括核心网切片子网和接入网切片子网。其中，NSI-B 与 NSI-C 共用了接入网切片子网 NSSI 5。同时，图中说明一个 NSI 可以为多个服务示例提供支撑，如 NSI-A 可同时服务于通信服务实例 1 和通信服务实例 2；反之，一个服务实例也可以接收多个 NSI 的服务，如通信服务实例 2 接收来自 NSI-A 和 NSI-B 的服务。

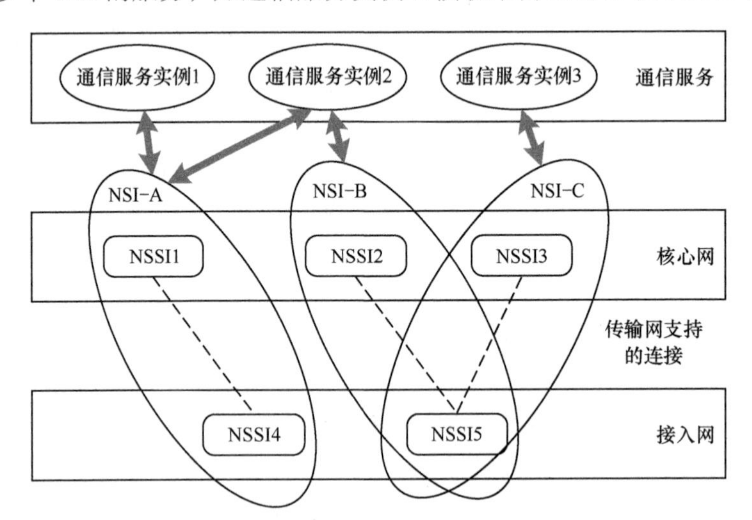

图 2-20 多个 NSI 提供不同通信服务实例的示例

NSI 的管理包含以下 4 个阶段。

（1）准备：在准备阶段，网络切片实例不存在。准备阶段包括网络切片模板设计、网络切片容量规划、准备网络环境以及在创建网络切片实例之前需要完成的其他必要准备。

（2）调试：调试阶段创建网络切片实例。在网络切片实例的创建期间，对满足网络切片要求所需的全部资源进行分配和配置。网络切片实例的创建也可以包括网络切片实例组成部分的创建和/或修改。

（3）运营：包括激活、监督、性能报告（例如用于 KPI 监控）、资源容量规划、修改和网络切片实例的去激活。

（4）退役：在退役阶段，在共享资源中移除网络切片实例专属的配置，并按要求退出非共享资源中的专属配置。在退役阶段之后，网络切片实例终止并不再存在。

上述 4 个阶段组成了一个网络切片实例的生命周期。

与 5G 系统网络切片管理相关的角色包括通信服务客户、通信服务提供商（CSP，Communication Service Provider）、网络运营商（NOP，Network Operator）、网络设备提供商（NEP，Network Equipment Provider）、虚拟化基础设施服务提供商（VISP，Virtualization Infrastructure Service Provider）、数据中心服务提供商（DCSP，Data Centre Service Provider）、网络功能虚拟化基础设施（NFVI，Network Function Virtualization Infrastructure）供应商和硬件供应商。实际上，这些角色通常是相对而非绝对的。根据实际情况，每个角色可以由一个或多个组织同时充当，一个组织也可能同时扮演多个角色（例如，一个公司可以既是 CSP，又是 NOP）。图 2-21 展示了网络切片管理中涉及的主要角色以及角色之间的相对关系。

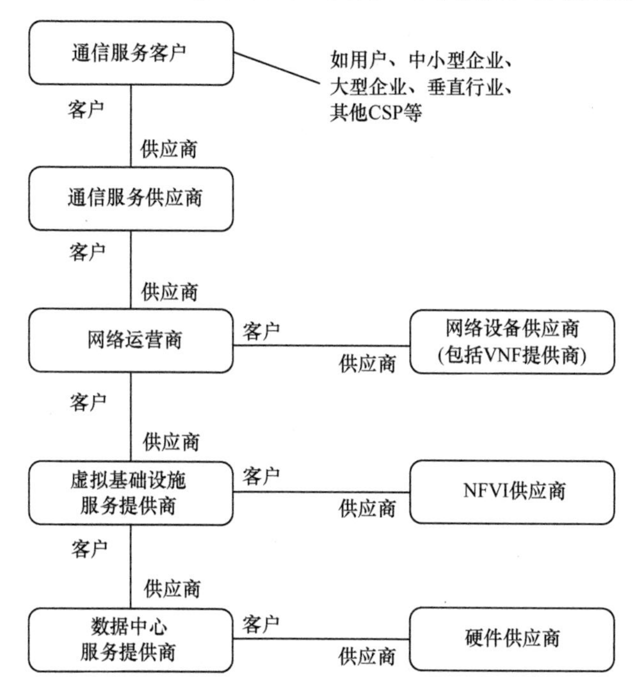

图 2-21　网络切片管理中的主要角色

5G 网络切片的管理模型如图 2-22 所示，主要可分为两种类型。

- 网络切片即服务（NSaaS，Network Slice as a Service）

在这种管理模型中，网络切片服务可以由 CSP 以通信服务的形式提供给其 CSC。该服务允许 CSC 使用并可选择地管理网络切片实例。反之，该 CSC 也可以扮演 CSP 的角色，在网络切片实例之上提供自己的服务（例如通信服务）。图 2-22 中的管理网络切片实例（MNSI，Managed Network Slice Instance）表示网络切片实例，CS 表示通信服务（Communication Service）。

- 网络切片用于 NOP 内部

在这种管理模型中，网络切片不是 CSP 提供的服务的一部分，因而对 CSC 是不可见的。为通信服务提供支持的 NOP 在其内部部署网络切片，以达到内部网络优化等目的。

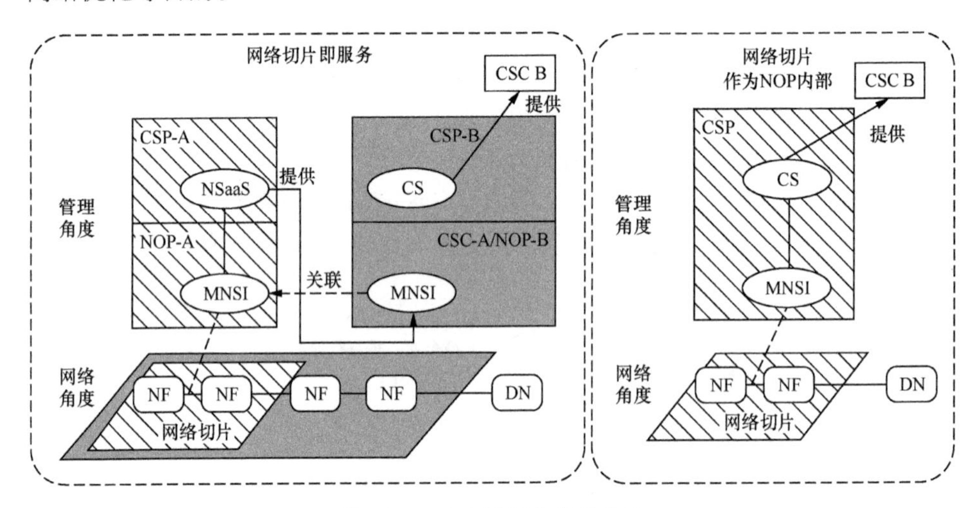

图 2-22　5G 网络切片管理模型

5G 系统网络切片最新状态可参阅文献[7, 11, 12]规范文件。

|2.5　MEC|

云计算与移动网络的相关性正日益增强。社交网络服务、内容提供商、电商平台等都将其内容和工具放在云端。此外，用户也越来越依赖移动设备来执行计算和存储密集型操作，无论是个人事务还是业务相关的操作，都需要将其放在云端以实现更好的性能，同时节省终端电量。为了为用户提供更方便、更经济的云计算，3GPP 在 5G 系统架构设计中引入移动边缘计算（MEC，Mobile Edge Computing），将计算、存储和网络资源与基站集成，将云计算下沉到网络边缘，缩短其与用户之间的距离。未来，使用 5G 移动通信系统的用户可将计算密集型和延迟敏感的应用程序（如增强现实和图像处理）托管在网络边缘。图 2-23 展示了这个概念。

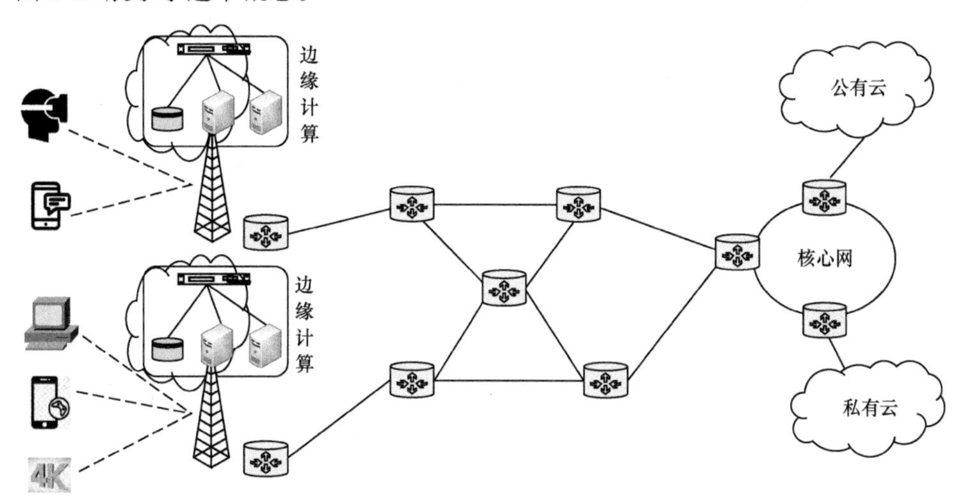

图 2-23　边缘计算云

最早的边缘计算的概念是基于 2009 年卡内基·梅隆大学研发的 cloudlet 计算平台。2014 年，欧洲电信标准协会（ETSI）成立了 MEC 规范工作组，正式开启了 MEC 相关的标准化工作。2016 年，ETSI 将移动边缘计算的概念扩展为多接入边缘计算（MEC，Multi-access Edge Computing）。MEC 提供高度分布式计算环境，可用于部署应用程序和服务，也可用于存储和处理移动用户的内容。只要能够保障延迟和准确性，就可以将应用程序分成小任务，并将其中的一部分放在本地或区域云上执行。在边缘云和其他云之间分发应用程序的子任务时会出现许多具有挑战性的问题。在分离应用程序时，移动边缘云负责低延迟、高带宽以及本地相关的工作。

文献[14]中描述了在 4G LTE 系统中部署 MEC 的几种方式。由于 MEC 是在 4G 发展过程中，根据应用需求附加在系统中的解决方案，因而对 4G 的 MEC 系统和相关接口的规范在很大程度上是与 4G 系统本身相互独立的。与 4G 系统不同，5G 系统在设计之初便将 MEC 考虑其中，并将其视为支持延迟敏感型业务和未来物联网服务的关键技术之一。因而，为了实现卓越的性能和体验质量，5G 系统架构为 MEC 提供了高效灵活的支持。5G 系统允许将 MEC 映射成应用功能（AF），从而可以基于配置的策略使用其他 NF 提供的服务和信息。

此外，5G架构中定义了许多用于为MEC的不同部署提供灵活支持的功能，并支持用户移动事件下MEC的连续性。

在5G的服务化架构中，NF既是服务的提供者，又是服务的使用者。任何NF都可以提供一个或多个服务。5G系统架构提供了对服务的使用者进行身份验证和对服务请求授权所必需的功能，并支持高效灵活的公开和使用服务。对于简单的服务或信息请求，可以使用请求-响应模型。对于长期存在的进程，5G架构还支持订阅-通知模型。上述这些原则与MEC定义的API框架一致。MEC中有效使用服务所需的功能包括注册、服务发现、可用性通知、取消注册以及身份验证和授权。所有这些功能在5G服务化架构和MEC API框架中都是相同的。图2-24对比了5G系统架构与MEC系统架构。

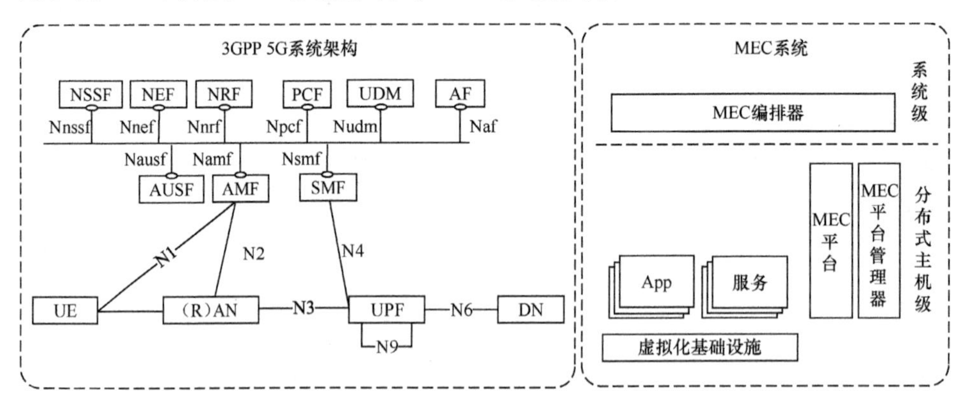

图 2-24　5G 系统架构与 MEC 系统架构

MEC系统中（上图右侧）的MEC编排器是MEC系统级功能实体，可视为一个AF，能够与5G系统架构（上图左侧）中的NEF交互，或者在某些情况下直接与5G架构中的目标NF交互。在MEC主机级别上，MEC平台可以与5G NF进行交互，同样可视为AF。MEC主机是MEC主机级功能实体，最常部署在5G系统中的数据网络中。NEF作为核心网NF是系统级实体，通常与其他NF集中部署，但是也可以在边缘部署NEF实例以实现来自MEC主机的低延迟、高吞吐量服务访问。

MEC可以部署在N6参考点上，即在5G系统外部的数据网络（DN）中。这种部署可以通过灵活定位UPF实现。除了MEC应用程序外，分布式MEC主机还可以包含作为MEC平台服务的消息代理，以及另一个将流量导向到本地加速器的MEC平台服务。实施的方法可以是将服务作为MEC应用程序或平台服务运行，此时需要考虑访问服务所需的共享和身份验证级别。诸如消息代理之类的MEC服务最初可以作为MEC应用程序部署以便快速占领市场，然后随着技术和业务模型的成熟而成为MEC平台服务。

由于MEC服务可以在集中式云和边缘云中提供，因此，SMF在选择和控制UPF以及配置其流量控制规则方面发挥着关键作用。SMF向MEC暴露其服务操作以允许MEC作为5G AF来管理PDU会话、控制策略设置和流量规则，以及订阅会话管理事件的通知。

5G系统的系统架构和其中的NF对实现MEC与5G系统高度集成、灵活交互发挥着重要作用。与此同时，还有一些重要概念促进了提供高质量体验的高性能MEC服务的实现，这些概念主要包括以下几个。

- 在单个PDU会话中同时访问本地和中心数据网络（DN）。
- 选择靠近用户终端连接点的PDU会话的用户面功能。
- 根据从SMF接收的UE移动性和连接相关事件选择/建立新的UPF。
- 网络能力暴露允许MEC（AF）请求有关UE的信息或请求针对UE的行动。
- MEC（AF）可能影响单个用户终端或一组用户终端的流量转向。
- 支持边缘云中的LI和MEC收费。
- 针对特定和本地MEC服务用户终端（本地访问数据网络）的LAND可用性的指示。

2.5.1 MEC部署场景

逻辑上MEC主机部署在边缘或中心数据网络中，用户面功能（UPF）负责将用户面流量导向到数据网络中的目标MEC应用上。数据网络和UPF的位置由网络运营商确定，并且网络运营商可以选择基于技术和业务参数来放置物理计算资源，这些参数可能包括可用站点设施、支持的应用及其要求、用户负载的测量和估计等。MEC管理系统编排MEC主机和应用的运行，可动态判决MEC应用的部署位置。

在MEC主机的物理部署方面，可根据各种操作、性能或安全相关要求进行选择。图2-25概述了MEC物理位置的一些可行选项，选项分别如下。

（1）MEC和本地UPF部署在无线侧，即与基站并置。

（2）MEC与传输节点并置，可能有本地UPF。

（3）MEC和本地UPF与传输汇聚节点并置。

（4）MEC与核心网络功能并置（即在同一数据中心）。

上述物理部署选项表明MEC可以灵活地部署在从基站附近到中心数据网络的不同位置上。所有部署的共同点在于，UPF被部署并将流量导向到目标MEC应用程序和网络。

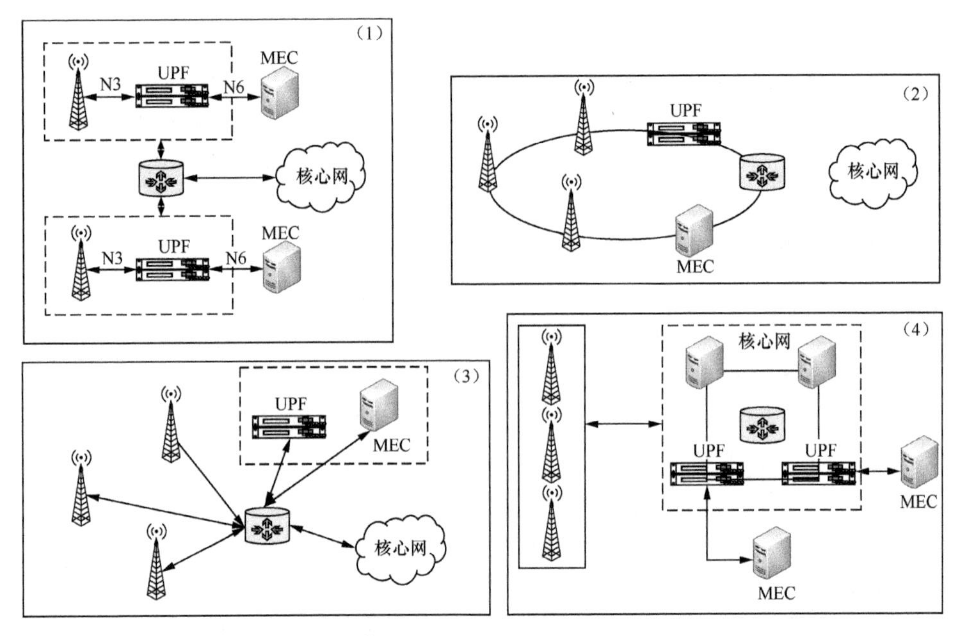

图 2-25　MEC 物理位置的一些可行选项

2.5.2　流量导向

MEC 中的流量导向是指 MEC 系统将流量路由到分布式云中的目标应用程序的能力。在文献[15]中定义的通用 MEC 架构中，流量导向由 MEC 平台通过 Mp2 参考点配置数据面来控制。 在 5G 集成部署中，数据面的角色由用户面功能（UPF）代替。在将流量路由到所需应用程序和网络功能的过程中，UPF 发挥着核心作用。除了 UPF 之外，还有一些由 3GPP 规定的相关过程，可用于实现灵活高效的流量到应用路由，其中一个过程是应用功能（AF）对流量路由的影响，5G 允许 AF 影响本地 UPF 的选择和重新选择，以及请求服务以配置规则来实现流量向数据网络的导向。

5G 网络允许 AF 使用其提供的工具集，在 MEC 框架下 AF 可映射为 MEC 系统的功能实体（FE，Function Entity）。一旦 MEC 应用被实例化，除非该应用已准备好接收流量并且底层数据面已配置好将流量转发给该应用，否则没有流量会被路由到该应用。当 MEC 被部署在 5G 网络中时，一个 MEC FE（如 MEC 平台）作为 5G 核心网中的一个 AF。这个 AF（MEC FE）通过发送标识要导向的流量的信息来与 PCF 交互以请求流量导向。PCF 将请求转换为适用于目标 PDU 会话的策略，并将路由规则提供给适当的会话管理功能（SMF）。基于所接收的信息，SMF识别目标UPF（如果存在），并在那里启动流量规则的配置。如果不存在适用的UPF，则SMF可以在PDU会话的数据路径中插入一个或多个UPF。

在如上所述的集成部署中，（通用）MEC架构的数据面功能现在由UPF负责。该UPF受到MEC的影响，通过控制平面与5G核心网功能交互，而不是通过MEC架构中称为Mp2的特定参考点进行交互。

SMF还可以为UPF配置不同的流量导向方式。在IPv4、IPv6、IPv4v6或以太网的情况下，SMF可以在数据路径中插入上行链路分类器（UL CL，Uplink Classifier）功能。“UL CL”中配置了将上行业务转发到不同的目标应用和网络功能所需的业务规则，并且在下行方向上将转发至用户终端的业务进行合并。多宿主概念是流量导向的另一种方法。对于使用IPv6或IPv4v6的PDU会话，且在用户终端支持的情况下，SMF可以使用多宿主概念进行业务导向。在多宿主概念中，SMF在目标UPF中插入分支点功能，使其能够根据IP数据分组中的源前缀（Source Prefix）将上行流量分割为本地应用实例和中心云服务。

5G系统基于一系列不同参数实现流量转向，这样的方式为AF提供了灵活的框架。在这种框架下，可以为用户配置通用流量规则，也可针对某些特定应用设置特定的流量规则。业务导向中使用的参数可以包含用于识别业务的信息（数据网络名称DNN、订阅的网络切片选择辅助信息S-NSSAI、AF-服务标识符、5元组等）、用于预配置路由信息的参考ID、数据网络访问识别（DNAI，Date Network Access Identifier）列表、关于目标用户的信息、关于应用重定位可能性的指示、时间有效性条件（路由条件有效的时间帧）、空间有效性条件（用户的位置，如地理区域）、用户平面管理通知的通知类型和AF事务ID（允许修改路由规则）。

除了选择UPF和配置流量导向规则之外，5G系统还为MEC功能实体提供了有效的工具，如用于MEC平台或MEC编排器的工具、用于监控本地云中MEC应用程序实例关联用户的移动事件。MEC功能实体可以订阅来自SMF的用户面路径管理事件通知。在这种情况下，MEC功能实体能够在路径发生改变时接收到通知，例如，在特定PDU会话的DNAI发生变化时。MEC管理功能可以使用这些通知来触发流量路由配置或应用程序重定位过程。

上面的讨论基于的假设是具有相关功能实体的MEC系统受到3GPP网络信任，并且策略允许从AF直接访问到5G核心网络功能。当MEC被5G网络认为不可信时，策略不允许其与5G核心网NF直接交互，此MEC功能实体需要从网络暴露功能（NEF）请求服务。此外，无论在何种情况下，向一个或多个PCF发起请求时都需要通过NEF。

2.5.3 用户终端和应用移动性

MEC 系统整合了网络边缘的网络和计算环境，优化了超低延迟和高带宽服务的性能。然而，在网络边缘（甚至可能非常接近无线节点）上托管应用导致应用在较大程度上受到用户终端移动性的影响。无论是传统的手持设备还是配备 V2X 系统的车辆都具有不同程度的移动性，而这些用户终端的移动可能使得当前使用的边缘应用主机的位置不可能总是最佳的，即使底层网络维持了服务端点之间的连续性，应用和服务的连续性和最优化仍无法得到保障。为了使 MEC 系统在移动环境中维持应用程序要求，需要应用具有可匹配的移动性，这意味着为用户提供服务的应用程序实例将根据用户的移动更改位置。因此，在有状态应用中还需要传输用户上下文。在广域 MEC 部署中，可以假设系统中的 MEC 主机都配置了支持的应用，从而降低应用程序需要从一个主机重定位到另一个主机的可能性。但是，这仍然没有消除有状态应用服务中源 MEC 主机和目标 MEC 主机之间用户上下文传输的需要。

应用服务可以被分类为有状态或无状态服务。有状态服务的应用移动性需要在原始应用实例和重新定位的应用实例之间传输和同步服务状态以便保障服务的连续性。服务状态同步高度依赖于应用本身的实际操作，因此，需要在开发应用时就考虑。换句话说，必须以这样的方式设计应用：即应用的多个实例可以并发运行，并且应用实例的状态（上下文）可以在源实例中捕获复制到另一个实例，复制过程独立于实例本身的运营。然后，目标 MEC 主机中重新定位的应用实例在用户与源 MEC 主机中的应用实例断开连接的同时继续为用户终端服务，实现服务的无缝衔接。另外，对无状态服务的应用移动性的支持相对简单，因为这种情况很可能不需要源主机中的原始实例与目标主机中的实例之间的服务状态（应用程序上下文）传输和同步。

应用程序移动性是 MEC 系统的独特功能。将用户的上下文和/或应用实例从一个 MEC 主机重定位到另一个 MEC 主机，对持续地为用户提供优化的服务体验来说是非常必要的。应用程序移动性是服务连续性支持的一部分，一旦用户的上下文和/或应用实例已经重新定位到另一个 MEC 主机，就可恢复对 UE 的服务。图 2-26 说明了 5G 网络集成 MEC 应用移动的原理。

用户终端向新服务小区移动的检测是触发应用移动的事件之一，其可以依赖于 5G 网络暴露功能（NEF）以及 MEC 功能实体订阅相关事件通知的能力。MEC 平台还可以订阅无线接入网信息。通过无线接入网信息，平台可以识别发生小区改变的用户终端并确定它们是否即将移出当前 MEC 主机的服务区域。

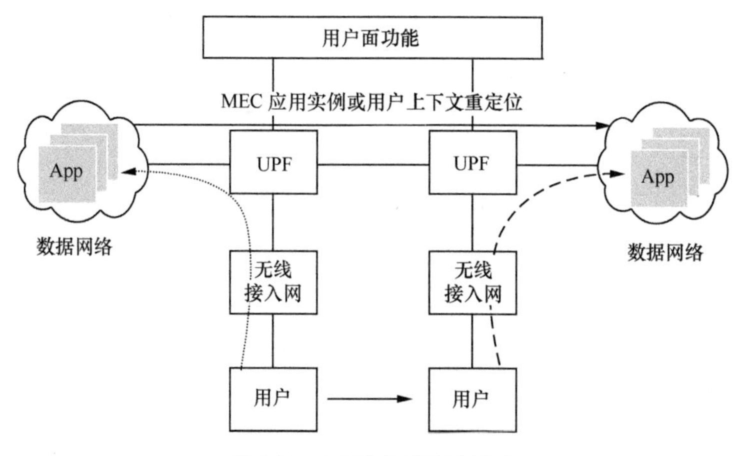

图 2-26　MEC 应用移动原理

在 MEC 系统中运行的应用能够产生从多媒体和游戏到机器类型服务（如 V2X）的各种服务，这种多样性为应用移动性支持带来了极大的复杂性。应用/服务提供商在网络边缘规划和部署应用时，应充分考虑在移动环境中的应用生命周期的各个方面，包括应用移动性。

2.5.4　能力暴露

5G 系统中的网络暴露功能（NEF）负责向外部实体公开 5G 核心网 NF 的能力信息和相关服务。图 2-27 展示了一个 5G 网络向 MEC 系统暴露能力的示例，其中，MEC 编排器（MEC 系统级管理）被 5G 系统视为一个 AF，提供计算资源和 MEC 主机操作的集中式管理功能。此外，MEC 编排器对 MEC 主机上运行的 MEC 应用进行编排。作为 5G AF 的 MEC 编排器与 NEF 以及其他相关 NF 在整体监控、配置、策略和计费功能等方面进行交互。另外，MEC 主机可能部署在 5G 无线侧的边缘，以利用 MEC 的优势来优化应用的性能并提高用户的体验质量。因此，MEC 平台可能需要直接暴露于 5G 无线接入网中的集中单元（CU，Centralized Unit），甚至有可能需要暴露于分布式单元（DU，Distributed Unit）。例如，无线电网络信息服务（RNIS，Radio Network Information Service）（由 MEC 主机提供）依赖于无线接入网能力的暴露，尤其针对与用户终端相关的最新无线侧信息。这些信息可用于帮助在 MEC 主机上运行的 MEC 应用优化提供给这些用户终端的服务，将诸如接收信号接收功率/质量之类的无线侧信息直接暴露给 MEC 平台，还避免了经由核心网络向其消费者（即 MEC 应用）路由消息所需的不必要的传输等待时间和带宽消耗。本地网络信息的暴露是部署在边缘的本地 NEF 实例的任务。

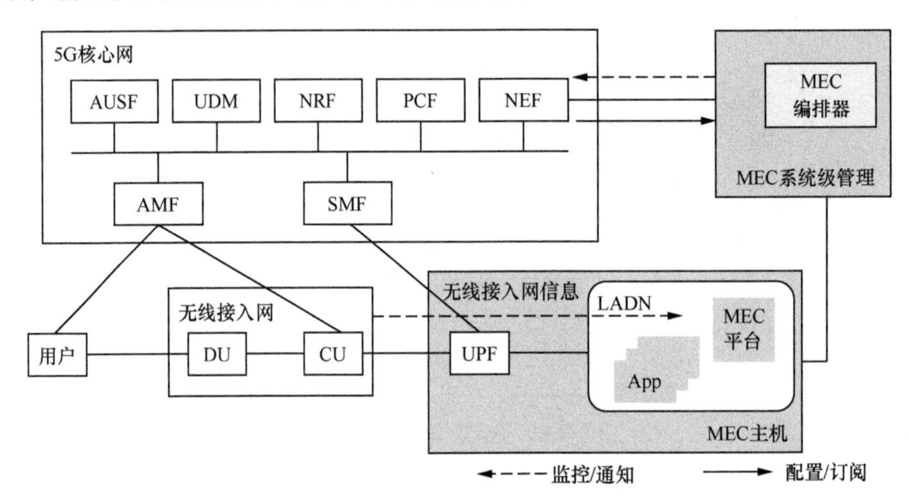

图 2-27　功能暴露示例（MEC 部署在本地数据网络）

2.6　5G NR 基站架构

构建 4G 无线接入网的基本单元是 eNB。eNB 基于“单片”结构，架构非常简单，只需定义较少的逻辑节点间的互通接口。但是，在 5G NR 研究初期，业界就关注到将 NR 逻辑节点 gNB 分割成 CU 和 DU 能够带来如下好处。

- 灵活的硬件实施，便于引入可扩展的、经济高效的解决方案。
- 分割的架构，允许对性能特性、负载管理和实时性能优化进行协调，也可支持虚拟化部署。
- 可配置的功能分割，能够适应不同用例，比如具有各种不同传输时延需求的用例。

CU/DU 分离后的 5G NR 基站架构如图 2-28 所示。图中，4G eNB 的 BBU 功能分成了 3 个部分：一部分底层 PHY 功能由 AAU 负责；其余 BBU 功能分割成 CU 和

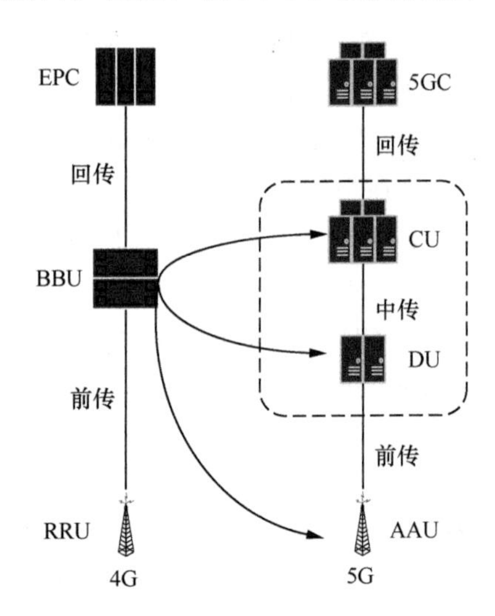

图 2-28　CU/DU 分离后的 5G NR 基站架构

DU 两部分。

具体如何将 NR 功能进行分割，取决于无线网络部署场景、限定条件和目标服务。例如，进行 NR 功能分割时可以考虑对不同服务类型的支持，如低时延、高吞吐量、目标区域的用户密度和负载需求等定制化的 QoS 需求。另外，与具有不同性能水平的传输网（从理想到非理想）进行互操作，也是 NR 功能分割时需要考虑的影响因素。

在研究阶段考虑的几种可能的 CU/DU 分离选项如图 2-29 所示。这些选项基于 E-UTRAN 协议栈，包括 PHY、MAC、RLC、PDCP 和 RRC，对分割点的研究分析贯穿了协议栈中的所有可能位置。

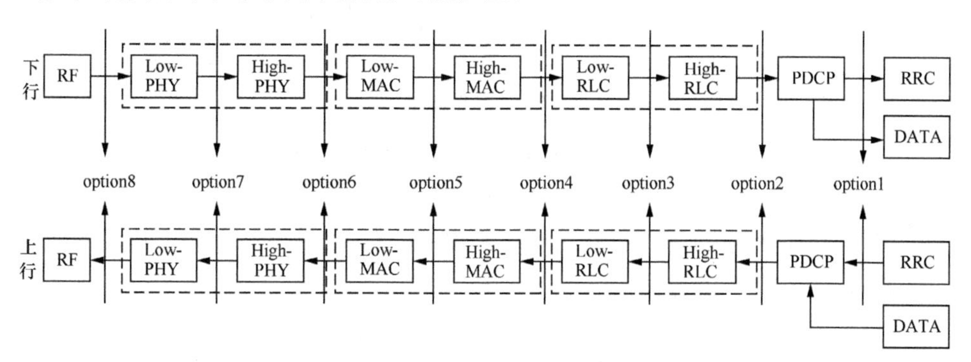

图 2-29　CU/DU 分离选项

在详细比较之后，3GPP 决定采用 option2，即集中式 PDCP/RRC（CU）和分布式的 RLC/MAC/PHY（DU）结构，以此作为规范工作的基础。这一选择的主要原因是，option2 结构与 LTE-NR 双连接应用的协议栈拆分方式非常相似：在双连接配置中，承载分离发生在 PDCP 层，与 option2 的分割点相同。

2.6.1　gNB 的高层分割（HLS）

gNB 分割后的 NG-RAN 整体架构如图 2-30 所示，在 NG 无线接入网中，一组 gNB 通过 NG 接口与 5GC 连接，并通过 Xn 接口相互连接。

一个 gNB 可以由一个 gNB-CU 以及一个或多个 gNB-DU 组成，其中，gNB-CU 与 gNB-DU 之间的接口称为 F1 接口。gNB 的 NG 接口和 Xn-C 接口终止于 gNB-CU。理论上对一个 gNB-CU 可以连接的 gNB-DU 的最大数量没有限制，该数量仅受具体实施时的现实限制。3GPP 标准规定一个 gNB-DU 只与一个 gNB-CU 连接，但并不排除在实际操作中为了增强弹性将多个 gNB-CU 连接到同一个 gNB-DU 上。一个 gNB-DU 可以支持一个或多个小区。gNB 的内部结

构对核心网和其他无线接入网节点来说是不可见的，因而 gNB-CU 以及与其连接的 gNB-DU 对其他 gNB 和 5GC 来说只是一个 gNB。

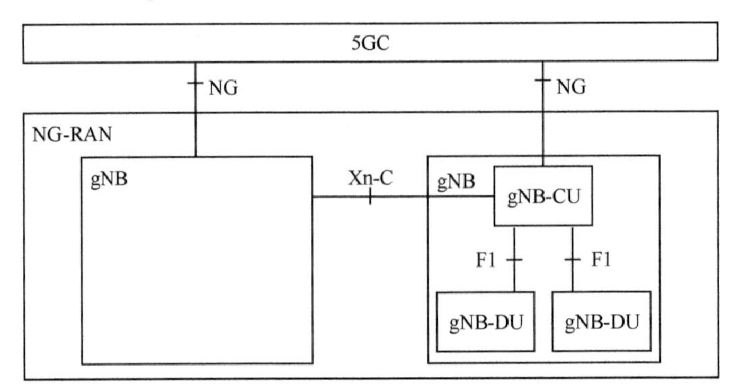

图 2-30　gNB 的高层分割

F1 接口支持 gNB-CU 和 gNB-DU 之间的信令交换和数据传输、分离无线网络层和传输网络层、交换用户终端相关信息或非用户终端相关信息。另外，F1 接口的功能分为 F1-C（控制面）功能和 F1-U（用户面）功能。

F1-C 主要包括以下功能。

- F1 接口管理功能。该功能包括 F1 设置、gNB-CU 配置更新、gNB-DU 配置更新、差错指示和重设置。
- 系统信息管理功能。gNB-DU 负责系统信息的调度和广播。对于系统信息广播，NR-MIB 和 SIB1 的编码由 gNB-DU 执行，其他 SI 信息的编码由 gNB-CU 执行。F1-C 接口还可提供按需 SI 发送所需的信令支持，以减少用户终端的能量消耗。
- F1 用户终端上下文管理功能。这些功能负责建立和修正必要的 UE 上下文。F1 用户终端上下文的建立由 gNB-CU 发起，gNB-DU 可以基于准入控制标准接收或拒绝建立（例如，gNB-DU 可以在资源不可用的情况下拒绝建立或修正上下文的请求）。另外，F1 用户终端上下文修正请求可以由 gNB-CU 和 gNB-DU 中的任意一个发起。接收节点可以接收或拒绝修正。F1 用户终端上下文管理功能还可用于数据无线承载（DRB，Data Radio Bear）和信令无线承载（SRB，Signal Radio Bear）的建立、修正和释放。
- RRC 消息传递功能。该功能负责在 gNB-CU 和 gNB-DU 之间传递 RRC 消息。

F1-U 主要包括以下功能。

- 用户数据传递。该功能允许 gNB-CU 与 gNB-DU 之间的数据传递。
- 流控制功能。该功能允许对流向 gNB-DU 的下行数据传输进行管控，引入了若干具体功能以提高数据传输的性能，例如，由于无线链路终端导致的 PDCP PDU 丢失的快速重传、冗余 PDU 的丢弃、数据指示的重传以及状态报告。

CU-DU 分离的情况支持以下连接状态下的移动场景。

- gNB-DU 间的移动。用户终端在同一 gNB-CU 下的不同 gNB-DU 之间移动。
- gNB-DU 内小区间的移动。用户终端在同一 gNB-DU 下的不同小区间移动，通过用户终端上下文修正（gNB-CU 发起）过程实现切换。
- 使用 MCG SRB 的 LTE-NR 双连接下 gNB-DU 间的移动。当 LTE-NR 双连接操作中只存在 MCG SRB 时，用户终端在同一 gNB-CU 下的不同 gNB-DU 之间的移动。
- 使用 SCG SRB 的 LTE-NR 双连接下 gNB-DU 间的移动。当 EN-DC 操作中存在 SCG SRB 时，用户终端在不同的 gNB-DU 之间移动。

2.6.2　高层分割中的 CP 与 UP 分离

为了能够根据不同场景和性能需求对不同无线接入网功能的位置进行优化，gNB-CU 可进一步分为控制面部分（gNB-CU-CP）和用户面部分（gNB-CU-UP）。CU-CP 和 CU-UP 以 E1 接口进行连接，E1 接口为单纯的控制面接口，其功能包括 E1 接口管理功能和 E1 承载上下文管理功能。CU-CP 和 CU-UP 分离下完整的无线接入网架构如图 2-31 所示。

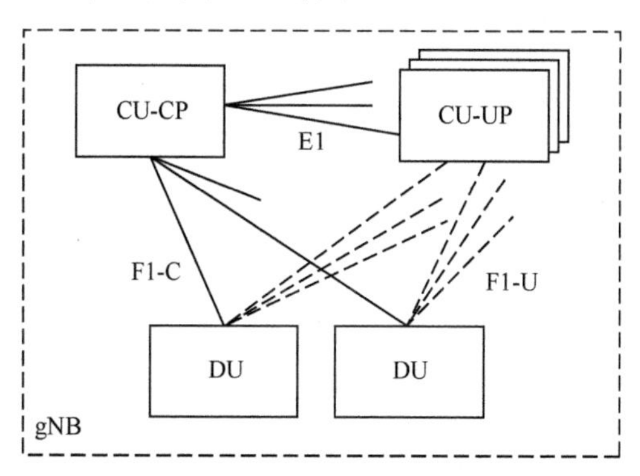

图 2-31　CU-CP 和 CU-UP 分离下完整的无线接入网架构

gNB-CU-CP 掌管 RRC 和 PDCP 协议的控制面部分，它也是与 gNB-CU-UP 连接的 E1 接口的终点、与 gNB-DU 连接的 F1-C 接口的终点。gNB-CU-UP 掌管 en-gNB 中 gNB-CU 的 PDCP 协议用户面部分，以及 gNB 中 gNB-CU 的 PDCP 协议及 SDAP 协议的用户面部分。gNB-CU-UP 是 E1 接口（与 gNB-CU-CP）的终点，也是 F1-U（gNB-DU）接口的终点。

一个 gNB 可能包括一个 gNB-CU-CP、多个 gNB-CU-UP 和多个 gNB-DU。gNB-CU-CP 通过 F1-C 接口与 gNB-DU 连接，gNB-CU-UP 通过 F1-U 接口与 gNB-DU 连接。一个 gNB-CU-UP 只与一个 gNB-CU-CP 连接，但是不排除在实际操作中将一个 gNB-CU-UP 与多个 gNB-CU-CP 连接。一个 gNB-DU 可以与多个在同一 gNB-CU-CP 控制下的 gNB-CU-UP 连接。一个 gNB-CU-UP 可以与多个在同一 gNB-CU-CP 控制下的 DU 连接。

|2.7 5G 承载技术|

5G 的无线接入网架构中，将 4G 的 BBU 功能分成了 CU 和 DU 两个部分。CU、DU 可以合设，也可以根据需求进行分离和集中化处理。在 CU、DU 分离的情况下，5G 承载相比于 4G 承载增加了 CU 与 DU 之间的中传部分，即分为前传、中传和回传 3 个部分。其中，前传承载 AAU 与 DU 之间的流量，中传承载 DU 与 CU 之间的流量，回传承载 CU 与核心网之间的流量。5G 前传仍将以光纤直连为主，中/回传的组网架构主要由城域接入层、城域汇聚层、城域核心层和省内/省际干线组成，如图 2-32 所示。

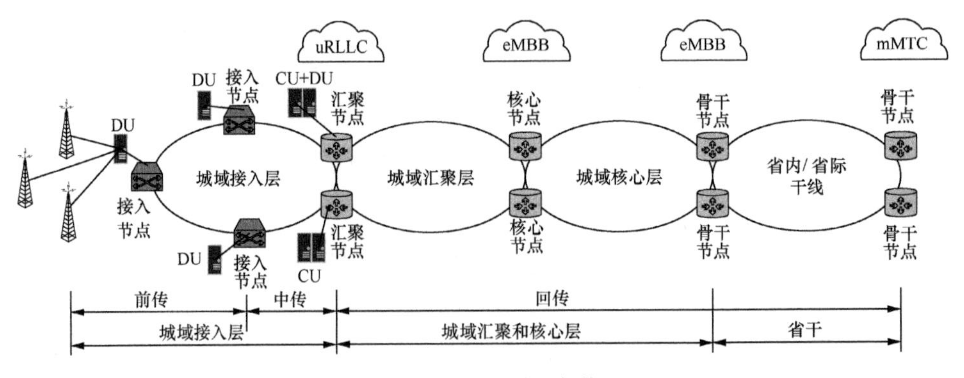

图 2-32 5G 承载网架构

2.7.1 5G 承载需求

IMT-2020（5G）推进组在 2018 年 6 月发布的《5G 承载需求分析》白皮书中指出，5G 承载网需要满足三大性能需求和六大功能需求。在性能方面，5G 承载网需具有更大带宽、超低时延和高精度同步，以满足 5G 三大应用场景的需求。在组网及功能方面，5G 承载网应实现多层级承载网络、灵活化连接调度、层次化网络切片、智能化协同管理、4G/5G 混合承载以及低成本高速组网等，促进承载资源的统一管理和灵活调度。

相比于 4G，5G 单站的带宽将有数十倍的增长，为承载网的能力带来了巨大的挑战。5G 前传距离一般为 10～20 km，前传带宽需求与基站能力有关，其中频宽和天线数量是影响前传带宽的两个重要因素。为了提供高速率、高可靠性的无线服务，5G 基站在低频频段上的频宽可达到 100 MHz（高频频段上可达 800 MHz），天线数量增加到 64T64R，甚至更高。目前，4G 的前传采用通用公共无线接口（CPRI，Common Public Radio Interface）。如果沿用 CPRI，5G 前传速率需达到 300 Gbit/s 以匹配基站的无线传输能力，应用压缩技术后速率需求也在 100 Gbit/s 量级。为了降低前传的压力，业界推出了增强通用公共无线接口（eCPRI，enhance Common Public Radio Interface），可将前传带宽压缩在 25G 之内。5G 中传的距离与 CU、DU 的集中化程度密切相关，一般情况下在 20～40 km 范围内。考虑前传 25 Gbit/s 的带宽需求，5G 中传的带宽为 25/50/100 Gbit/s。回传链路的距离最远，一般可达 40～80 km，5G 回传需要 $N\times$ 100/200/400 Gbit/s 速率。表 2-1 总结了 5G 承载网的带宽需求。

表 2-1　5G 承载网的带宽需求

位置	距离（km）	速率（Gbit/s）
前传	10～20	25～100
中传	20～40	25～100
回传	40～80	$N\times$100/200/400
	>80	$N\times$100/200/400

低延迟是 5G 的重要特性之一。eMBB 业务的用户面时延（用户终端到 CU）不超过 4 ms，控制面时延（用户终端到核心网）不超过 10 ms；uRLLC 业务对时延要求更严苛，规定用户面时延不能超过 0.5 ms。从终端到核心网，5G 延迟的主要组成如图 2-33 所示。对于承载网来说，延迟除了与传输距离有关之外，还与承载设备的处理能力密切相关。光纤的传输时延与传输距离成正比，而且是不可进一步优化的，因此，承载网延迟优化的侧重点在于承载设备的处理能力和承载网架构。

高精度时间同步是 5G 承载的关键需求之一，主要体现在 3 个方面：基本业务时间同步需求、协同业务时间同步需求和新业务同步需求。基本业务同步需求是指在 TDD 制式中为了避免上、下行时隙干扰而必需的时间同步。5G 的时隙结构具有自包含性，且相比于 4G 更为灵活，因此，维持与 4G 相同的基本业务同步需求即可满足 5G 系统，即不同基站空口时延偏差不多于 5 μs。相比于基本业务，协同业务具有更高的同步需求。为了提高系统性能，5G 需要充分发挥分布式 MIMO、协同多点传输（CoMP，Coordinated Multi-Point）和载波聚合（CA，Carrier Aggregation）等协同技术的优势。这些技术通常要求同一 AAU 的不同天线，甚至多个 AAU 之间同步协作，共同完成传输，因此，要求天线或基站之间保持严格的时间同步。对于车联网、工业互联网等新型 5G 业务，业界希望依托 5G 基站实现精准定位。5G 定位技术基于到达时间差（TDoA，Time Difference of Arrival），因此，基站间的时间相位误差直接影响了定位的精度，因而高精度的时间同步尤为重要。

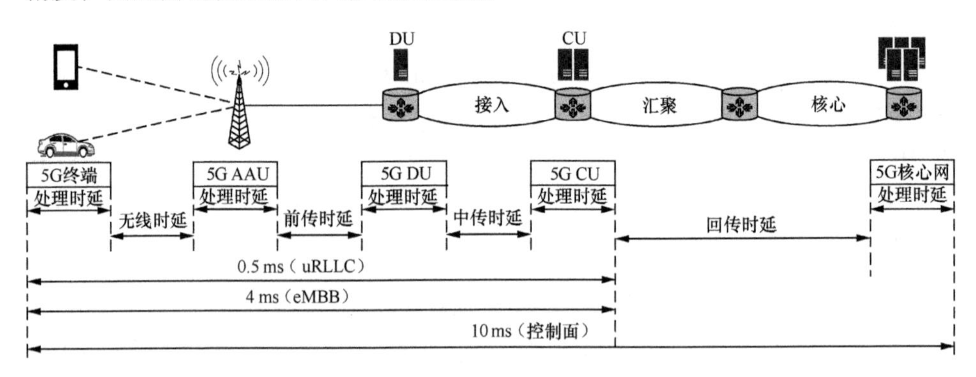

图 2-33　5G 延迟的主要组成

5G 承载的网络结构基于 4G 承载网架构，但有显著区别。由于出现了 CU、DU 分离的部署场景，5G 承载网将出现前传、中传和回传三级结构，其中，中传是 5G 承载网的新增层级。另外，虽然 5G 的中回传也分为接入、汇聚和核心 3 层，但由于核心网云化、MEC 下沉等，城域核心汇聚网络将演进为面向 5G 回传和数据中心互联统一承载的网络，如图 2-34 所示。

5G 网络服务化结构中的网络功能分布部署程度较高，与 4G 网络的集中部署相比，对业务连接的灵活调度需求更高。4G 基站主要以南北向的 S1 接口与核心网连接，且用户面 S1-U 与控制面 S1-C 的终止位置基本相同。5G 将用户面 UPF 下沉，而控制面 AMF 仍然位居集中化程度较高的核心网中，因而用户面 N3 接口和控制面 N2 接口的终止位置有很大差异。另外，5G 中一个用户可与多个 UPF 连接，UPF 与 UPF 之间也可通过 N9 接口连接。在无线侧，基站间的协同技术需要基站间 Xn 接口能力的配合。由此可见，在 5G 网络中的业务流量呈现网状连接，对承载网的调度能力具有很高的要求。因此，5G 承载应至少将 L3 功能下移到 UPF 和 MEC 的位置，以满足灵活连接调度的需求。

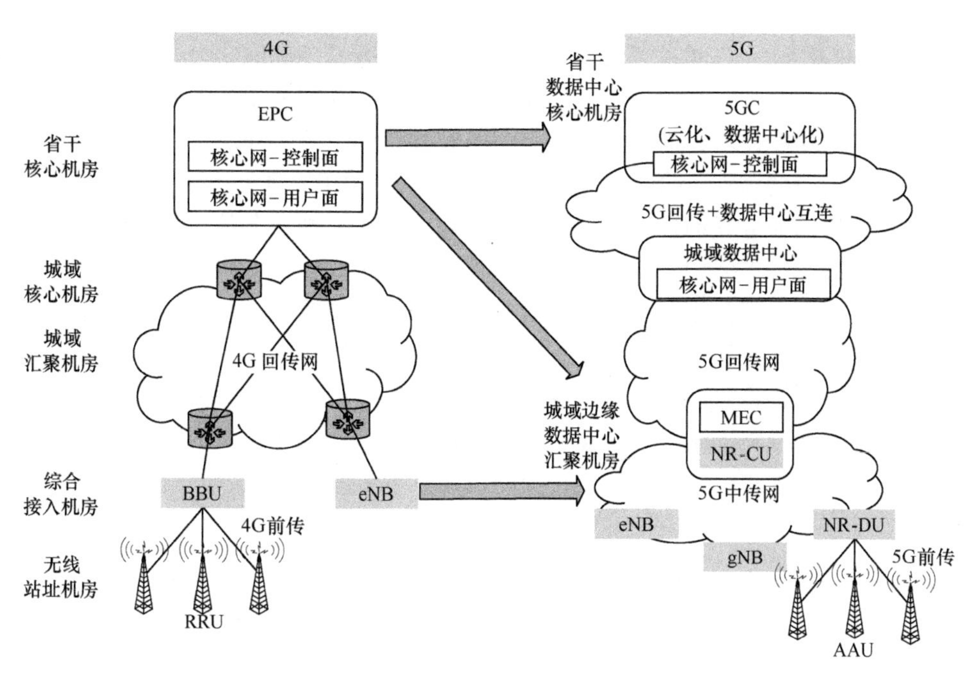

图 2-34 4G、5G 承载网架构对比

为了支持 5G 网络切片，承载需要提供支持硬隔离和软隔离的层次化网络切片方案。对于 uRLLC 业务和政企专线等，5G 承载应提供安全性高、延迟小的硬切片。对于 eMBB 等延迟和可靠性不敏感的业务，可利用软切片技术在 L2 与 L3 层级进行隔离并支持带宽捆绑，即可提高承载资源的利用率，又能满足 5G 高传输速率的业务需求。5G 承载层次化网络切片示意图如图 2-35 所示。

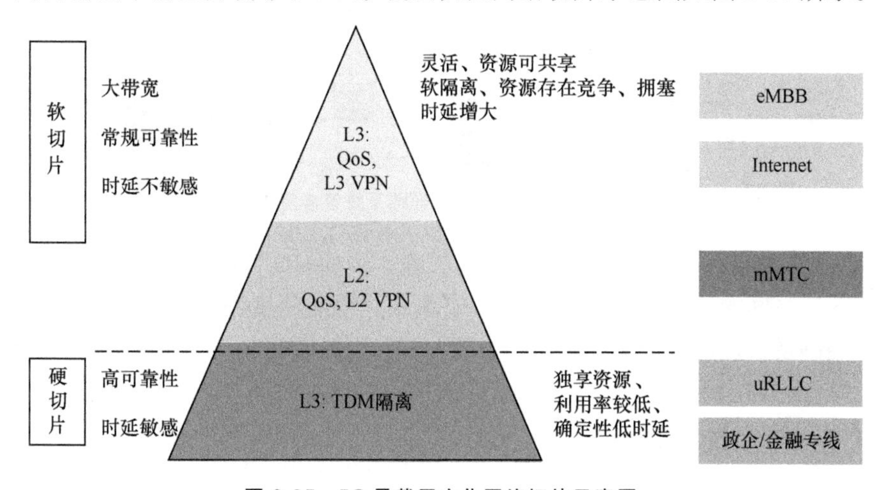

图 2-35 5G 承载层次化网络切片示意图

与 4G 相比，5G 承载网在结构和功能上更为复杂。同时，为了更有效地利用光缆资源，在同一承载网上同时承载 4G、5G、专线等业务成为必然趋势。面对复杂的功能需求，需要先进的承载网管控系统。图 2-36 展示了 5G 承载网管控系统的主要需求。端到端 SDN 化灵活管控有助于实现 L0 ~ L3 的管控，并可支持跨层的业务联动控制，同时，SDN 化有利于实现业务的快速提供。网络切片管控应能够支持切片网络的自动化部署和优化计算，支持网络切片的按需定制。资源协同管控主要是指与上层的编排器、管控系统、业务系统进行协同交互，接收来自上层系统的需求，完成自上而下的自动化业务编排。统一管控依托云化方案，将管理、控制、智能运维等功能进行整合，提供统一的维护界面。智能化运维将人工智能（AI，Artificial Intelligence）引入到管理体系中，以降低人工成本和运维的复杂度、提高运维效率和精度。

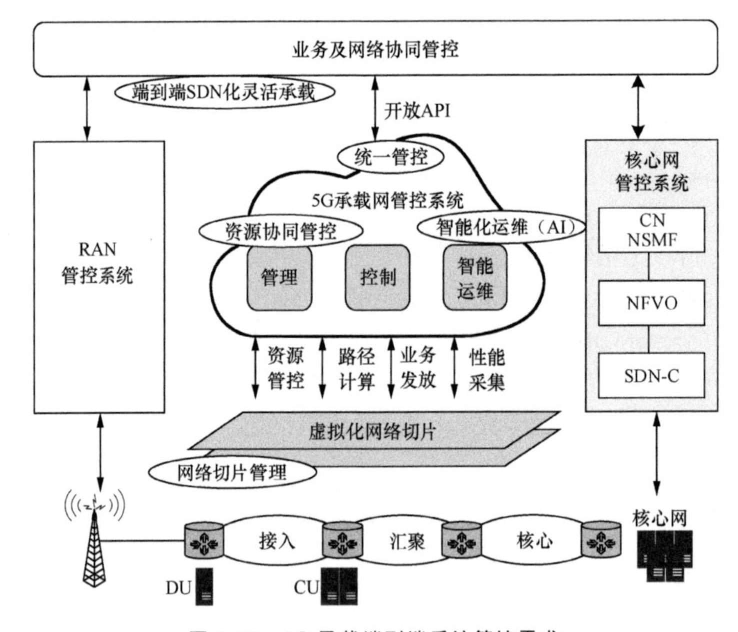

图 2-36　5G 承载端到端系统管控需求

5G 系统与 4G 系统之间存在协作关系，因而 4G/5G 混合承载将更有利于 4G、5G 之间的紧密互操作。另外，成本低、组网速度快的承载网对运营商的成本控制及快速部署尤为重要。

2.7.2　5G 前传技术

5G 前传主要有分布式无线接入网（D-RAN，Distributed Radio Access Network）

和集中式无线接入网（C-RAN，Centralized Radio Access Network）两种部署模式。其中，D-RAN 模式主要针对 CU/DU 合设的场景。C-RAN 又分为小集中和大集中两种部署模式。在 C-RAN 小集中部署模式中，CU/DU 分离、CU 云化部署；在 C-RAN 大集中部署模式中，CU 云化部署的同时，DU 也按需进行池化。5G 前传部署模式如图 2-37 所示。

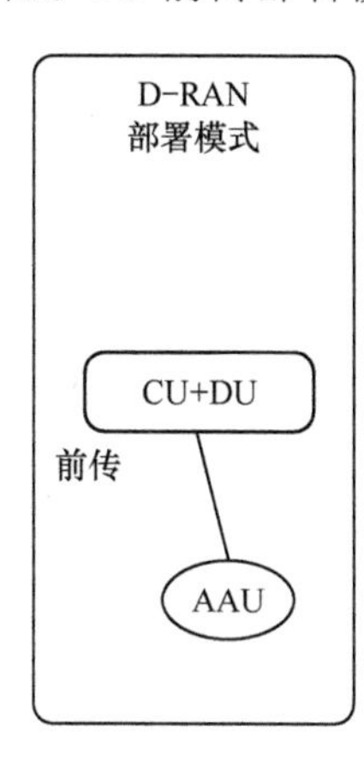

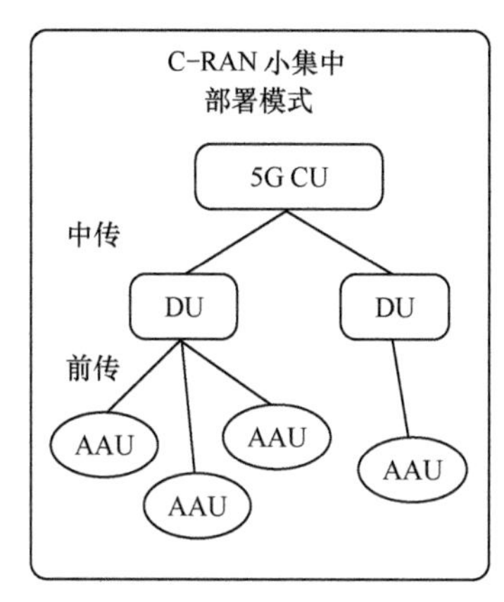

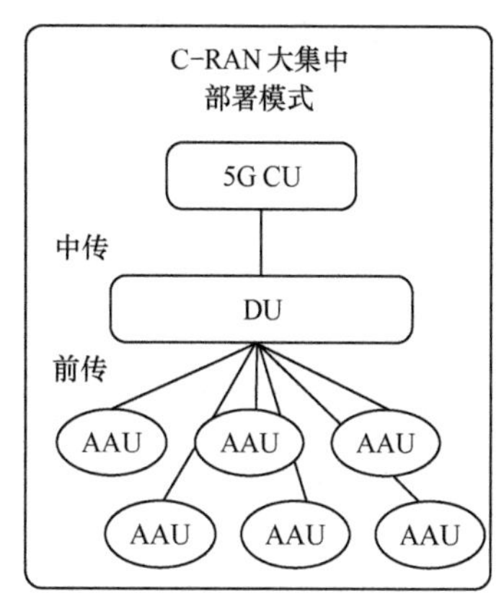

图 2-37　5G 前传部署模式

考虑成本和维护便利性等因素，5G 前传将以光纤直连为主。光纤直连采用点对点的拓扑结构，支持的传输距离较短，尤其需要较多的光纤资源。另外，光纤直连方式无法进行智能运维管理。在光纤资源不足的地区，可通过设备承载方案作为补充。5G 前传考虑的设备承载方案主要包括无源波分复用（WDM）、有源光传输网络（WDM/OTN，WDM/Optical Transport Network）、切片分组网（SPN，Slicing Packet Network）等。波分复用是在单个光纤上同时传输多个不同波长光载信号的传输技术。波分复用实现了单光纤上的双向通信，同时获得容量倍增。无源 WDM 系统在发射机处使用多路复用器将几个信号连接在一起，并且在接收机处使用多路分解器将它们分开。无源 WDM 仅支持点对点拓扑，其光性能监控、光功率预算和传输距离常常受到限制，并且安装和管理过程比较复杂。有源 WDM/OTN 可实现包括环形、链形、星形等结构在内的全拓扑。ITU-T 将 OTN 定义为通过光纤链路连接的一组光网络元件（ONE，Optical Network Element），能够提供承载客户信号的光信道的传输、复用、交换、管理、监督和恢复能力。WDM/OTN 是 L0/L1 的传输技术，具有大带宽、低延迟等特性。更重要的是，WDM/OTN 技术可同时承载 4G 和 5G 业务。SPN 是中国移动创新提出的一种传输技术，具备前传、中传和回传承载能力，便于实现端到端承载的统一管理。5G 前传的典型方案如图 2-38 所示。

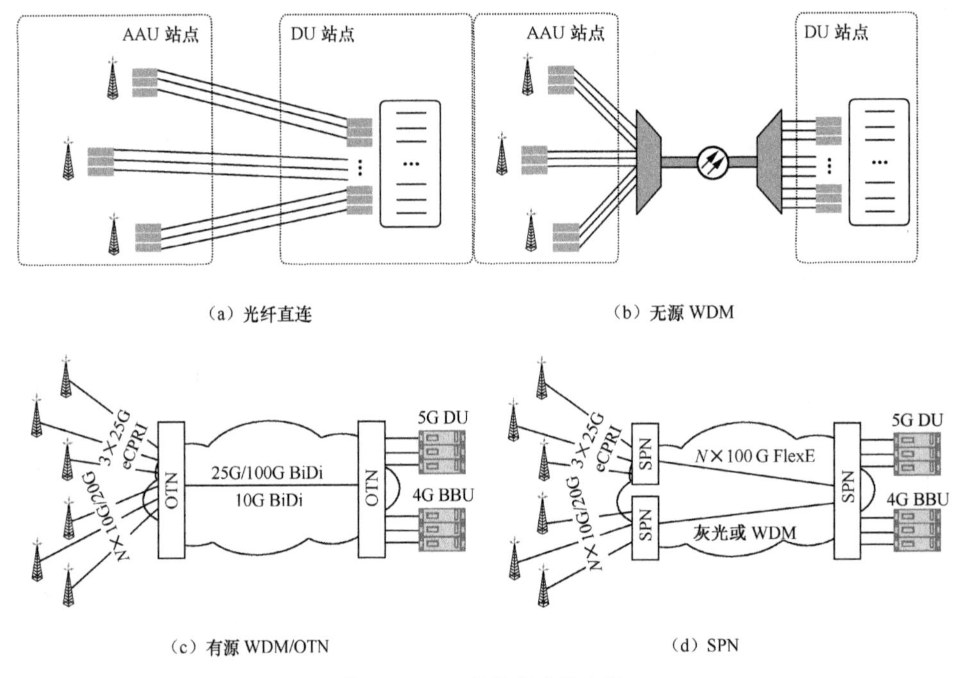

图 2-38　5G 前传的典型方案

2.7.3　5G 中回传技术

为了满足多层级承载、灵活化调度、层次化切片和 4G/5G 混合承载等需求，5G 的中回传承载需要支持 L0 ~ L3 的综合传送能力，并通过 L0 的波分复用、L1 的时分复用（TDM，Time Division Multiplexing）通道、L2 和 L3 分组隧道来实现层次化网络切片的能力。5G 和专线等大带宽业务需要 5G 承载网络具备 L0 的单通路高速光接口和多波长的光层传输、组网和调度能力。L1 层 TDM 通道层技术不仅可以为 5G 三大类业务应用提供支持硬管道隔离、OAM、保护和低时延的网络切片服务，并且为高品质的政企和金融等专线提供高安全和低时延的服务能力。L2/L3 层分组转发层技术是为 5G 提供灵活连接调度和统计复用功能的关键，主要包括以太网、面向传送的多协议标签交换（MPLS-TP，Transport Profile for MPLS）和新兴的分段路由（SR，Segment Routing）等技术。在我国，对 5G 中回传承载方案的讨论主要集中在 SPN、面向移动承载优化的 OTN（M-OTN）、IP RAN 增强+光层 3 种技术解决方案上。IMT-2020（5G）推动组在《5G 承载网络架构和技术方案》中对比了上述 3 种方案，见表 2-2。

表 2-2 5G 承载典型技术方案研究

网络分层	主要功能	典型承载技术方案		
		SPN	M-OTN	IPRAN 增强+光层
业务适配层	支持多业务映射和适配	L1 专线、L2 VPN、L3 VPN、CBR 业务	L1 专线、L2 VPN、L3 VPN、CBR 业务	L2 VPN、L3 VPN
L2 和 L3 分组转发层	为 5G 提供灵活连接调度、OAM、保护、统计复用和 QoS 保障能力	Ethernet VLAN MPLS-TP SR-TP/SR-BE	Ethernet VLAN MPLS-TP SR-TP/SR-BE	Ethernet VLAN MPLS-TP SR-TP/SR-BE
L1 TDM 通道层	为 5G 三大类业务及专线提供 TDM 通道隔离、调度、复用 OAM 和保护能力	切片以太网通道	ODU_k（k=0/2/4/flex）	未定
L1 数据链路层	提供 L1 通道到光层的适配	FlexE 或 Ethernet PHY	OTU_k 或 OTU_{Cn}	FlexE 或 Ethernet PHY
L0 光波长传送层	提供高速光接口或多波长传输、调度和组网	灰光或 DWDM 彩光	灰光或 DWDM 彩光	灰光或 DWDM 彩光

第 3 章 5G 无线关键技术

5G的革新不仅仅表现在高弹性、高性能的网络结构上。为了提升无线侧的传输能力，5G 定义了灵活的物理层资源配置，引入了毫米波、大规模 MIMO、LTE-NR 双连接、上下行解耦等新技术，并进一步扩展了 4G 中的载波聚合技术。本章首先介绍 5G 的频率和物理层定义，然后对多天线技术、LTE-NR 双连接、上下行解耦以及载波聚合的技术原理与 5G 中的具体应用进行阐述。

| 3.1 5G 频率 |

3.1.1 5G 频段

思科在 2017 年的预测报告中指出，2021 年全球移动数据流量将比 2016 年增长 7 倍，月流量将达到 49 艾字节。可以预见，移动数据流量爆炸式的增长态势将继续增长至少 10 ~ 20 年。频谱资源是移动通信的重要载体，随着无线通信技术的发展和各行各业对无线通信需求的激增，大部分适于地面通信的中低频段的频谱资源已被占用，可用于扩展新业务的资源尤为紧缺。为了获得足够的带宽以满足大容量、高速率的愿景，5G 将高频频段的资源考虑其中，形成了涵盖高、中、低频的全频段移动通信技术。

高频频段可泛指 6 GHz 以上频段，主要针对毫米波频段，该频段频谱资源丰富，易于获得大带宽连续频谱，适用于有极高用户体验速率和小区容量要求的热点区域。但其覆盖能力弱，无法实现连续覆盖，因此，5G 仍然需要依托中、低频段满足覆盖需求，保障网络的连续性和可靠性。

2015年的无线电通信大会将5G正式命名为“IMT-2020”，确定了5G为IMT系列的新成员（IMT系列还包括IMT-2000和IMT-Advanced，即3G和4G）。这意味着，ITU在《无线电规则》中已明确标注给IMT系列使用的频段都可作为5G系统的备选频段。除此之外，C波段由于传播特性较好，同时相对来说更容易获得100 MHz以上连续频谱，因此，在5G发展的早期便受到了中国、日本、韩国等的青睐。对于5G高频段，研究重点主要集中于24.25～27.5 GHz、37～40.5 GHz、42.5～43.5 GHz、45.5～47 GHz、47.2～50.2 GHz、50.4～52.6 GHz、66～76 GHz和81～86 GHz几个已有移动业务的频段，以及31.8～33.4 GHz、40.5～42.5 GHz和47～47.2 GHz这3个尚未划分给移动业务的频段。

在当前的R15版本中，5G NR频段可分为两个部分：

FR1——450～6 000 MHz，以及6 GHz以下的中低频频段；

FR2——24 250～52 600 MHz，也称为毫米波频段。

5G NR对频段编号方式进行了一些调整，在原有的编号前增加了字母“n”，并新增了5G频段。根据3GPP在2018年6月推出的R15标准，5G NR在FR1和FR2上的频段如表3-1和表3-2所示。其中，表3-1中的n77、n78和n79为新增的C波段频段；表3-2中的n257、n258、n260、n261全部4个频段均为新增频段。

表3-1 5G NR频段（FR1）

频段编号	上行频段	下行频段	双工模式	备注
n1	1 920～1 980 MHz	2 110～2 170 MHz	FDD	
n2	1 850～1 910 MHz	1 930～1 990 MHz	FDD	
n3	1 710～1 785 MHz	1 805～1 880 MHz	FDD	
n5	824～849 MHz	869～894 MHz	FDD	
n7	2 500～2 570 MHz	2 620～2 690 MHz	FDD	
n8	880～915 MHz	925～960 MHz	FDD	
n20	832～862 MHz	791～821 MHz	FDD	
n28	703～748 MHz	758～803 MHz	FDD	
n38	2 570～2 620 MHz	2 570～2 620 MHz	TDD	
n41	2 496～2 690 MHz	2 496～2 690 MHz	TDD	
n50	1 432～1 517 MHz	1 432～1 517 MHz	TDD	
n51	1 427～1 432 MHz	1 427～1 432 MHz	TDD	
n66	1 710～1 780 MHz	2 110～2 200 MHz	FDD	

（续表）

频段编号	上行频段	下行频段	双工模式	备注
n70	1 695～1 710 MHz	1 995～2 020 MHz	FDD	
n71	663～698 MHz	617～652 MHz	FDD	
n74	1 427～1 470 MHz	1 475～1 518 MHz	FDD	
n75	N/A	1 432～1 517 MHz	SDL	
n76	N/A	1 427～1 432 MHz	SDL	
n77	**3 300～4 200 MHz**	**3 300～4 200 MHz**	**TDD**	**新增**
n78	**3 300～3 800 MHz**	**3 300～3 800 MHz**	**TDD**	**新增**
n79	**4 400～5 000 MHz**	**4 400～5 000 MHz**	**TDD**	**新增**
n80	1 710～1 785 MHz	N/A	SUL	
n81	880～915 MHz	N/A	SUL	
n82	832～862 MHz	N/A	SUL	
n83	703～748 MHz	N/A	SUL	
n84	1 920～1 980 MHz	N/A	SUL	

表 3-2　5G NR 频段（FR2）

频段编号	上行频段	下行频段	双工模式	备注
n257	26 500～29 500 MHz	26 500～29 500 MHz	TDD	新增
n258	24 250～27 500 MHz	24 250～27 500 MHz	TDD	新增
n260	37 000～40 000 MHz	37 000～40 000 MHz	TDD	新增
n261	27 500～28 350 MHz	27 500～28 350 MHz	TDD	新增

我国在 2016 年 8 月发布的《国家无线电管理规划（2016—2020 年）》中明确表示，将“适时开展公众移动通信频率的调整重耕，为 IMT-2020（5G）储备不低于 500 MHz 的频谱资源”。

2017 年，工业和信息化部已明确使用 3.3～3.6 GHz 和 4.8～5.0 GHz 作为我国 5G 中频段，并批复了 24.75～27.5 GHz 和 37～42.5 GHz 高频段用于 5G 技术研发试验。这样可确保未来每家运营商在 5G 中频频段上至少可获得 100 MHz 带宽，在 5G 高频频段上至少可获得 2 000 MHz 带宽。

3.1.2　毫米波

相比于中低频段，毫米波资源较为丰富，易于获得连续的大带宽，可为用户提供高速率的传输服务。现有的 LTE 系统工作于低于 6 GHz 频段，单载波最大带宽为 20 MHz；5G NR 在低于 6 GHz 频段上单载波最大带宽为 100 MHz。但是，由于运营商获得的频谱资源有限，同时需要考虑成本，因而通常很难实现以最大载波带宽为用户服务。在毫米波频段，5G NR 定义的最大载波带宽高达 400 MHz，数据速率可达到 10 Gbit/s 量级。可见，毫米波对实现 5G 愿景具有重要的意义。

毫米波一般被认为是 30 ~ 300 GHz 频段（波长 1 ~ 10 mm），介于微波与红外波之间。这个界定并没有统一的标准，5G 确定 FR2 的范围为 24.25 ~ 52.6 GHz，通常也被称为毫米波频段。20 世纪 40 年代，科学家曾对毫米波通信进行过研究，但并未能推广到实际应用中。这是因为，一方面毫米波的传播损耗大、传输距离短，不满足当时的应用需求；另一方面毫米波通信需要亚微米尺寸的集成电路元件，硬件成本过高。直至 20 世纪 70 年代，业界成功研制出了毫米波集成电路和固体器件，并实现批量生产。随着生产技术的成熟，毫米波通信的成本日趋下降，使得毫米波再次受到青睐。最新的 Wi-Fi 标准 802.11ad 引入了 60 GHz 的工作频段。

毫米波在空气中的传播具有如下主要特质。

（1）一种典型的视距传输方式。

毫米波属于甚高频段，它以直射波的方式在空间进行传播，波束很窄，具有良好的方向性。一方面，由于毫米波受大气吸收和降雨衰落影响严重，所以单跳通信距离较短；另一方面，由于频段高，干扰源很少，所以传播稳定可靠。因此，毫米波通信是一种典型的具有高质量、恒定参数的无线传输信道的通信技术。

（2）具有“大气窗口”和“衰减峰”。

“大气窗口”是指 35 GHz、45 GHz、94 GHz、140 GHz、220 GHz 频段，在这些特殊频段附近，毫米波传播的衰减较小。一般来说，“大气窗口”频段比较适用于点对点通信，已经被低空空地导弹和地基雷达所采用。而在 60 GHz、120 GHz、180 GHz 频段附近的衰减出现极大值，约高达 15 dB/km 以上，被称作“衰减峰”。通常这些“衰减峰”频段被多路分集的隐蔽网络和系统优先选用，用以满足网络安全系数的要求。

（3）降雨时衰减严重。

与微波相比，毫米波信号在恶劣的气候条件下，尤其是降雨时的衰减要大许多，严重影响传播效果。经过研究得出的结论是，毫米波信号降雨时衰减的大小与降雨的瞬时强度、距离长短和雨滴形状密切相关。进一步验证表明：通常情况下，降雨的瞬时强度越大、距离越远、雨滴越大，所引起的衰减也就越严重。因此，应对降雨衰减最有效的办法是在进行毫米波通信系统或通信线路设计时，留出足够的电平衰减余量。

（4）对沙尘和烟雾具有很强的穿透能力。

大气激光和红外对沙尘与烟雾的穿透力很差，而毫米波在这点上具有明显的优势。大量现场试验结果表明，毫米波对于沙尘和烟雾具有很强的穿透力，几乎能无衰减地通过沙尘和烟雾。甚至在由爆炸和金属箔条产生的较高强度散射的条件下，即使出现衰落也是短期的，很快就会恢复。随着离子的扩散和降落，不会引起毫米波通信的严重中断。

从上述特质看，毫米波似乎并不适用于移动通信系统。幸运的是，毫米波可很好地与大规模 MIMO 结合，能够借助天线增益和先进的波束赋形技术显著地提高覆盖能力。为了规避波形叠加导致的信号畸变，天线系统中天线振子间一般保持半波长以上的距离。可见波长越长天线尺寸越大。毫米波波长较短，可在有限尺寸内集成大规模天线振子。随着天线阵子数量的增加，工作于毫米波频段的大规模天线阵列可获得更高的天线增益，从而在一定程度上补偿毫米波的高传输损耗。另外，由于阵子数量多，基于毫米波的大规模 MIMO 可在相同时频资源下实现更多流的数据传输，成倍提升小区容量和频谱利用率。

2017 年 12 月，华为联合 NTT DoCoMo 在日本横滨市开展了工作于 39 GHz 的 5G 毫米波外场测试。测试中，结合波束赋形带来的增益，在宏蜂窝覆盖的场景中实现毫米波的远距离传输。在测试终端静止的场景下，终端在距离测试基站 1.5 km 处可获得超过 3 Gbit/s 的下行传输速率，在 1.8 km 处可获得 2 Gbit/s 的下行传输速率。在测试终端移动的场景下，依托于快速波束跟踪和切换、快速波束搜索等线性波束管理技术，成功实现了在距离基站 1.5 km 处高达 2 Gbit/s 的下行传输速率。

结合 5G 关键技术和目标应用，毫米波在 5G 系统中的主要应用包括热点覆盖、固定无线接入（FWA）和无线回传。

（1）热点覆盖。

相比于宏小区的广覆盖，毫米波更适合于微小区的小规模覆盖，特别是针对热点区域的覆盖。微小区覆盖半径小，覆盖区域环境比较单一，视距传输的可能性较大，较适用于毫米波的传播。另外，毫米波信号传播距离短，因而对相邻小区的干扰较小，即使在密集网络中也能得到较高的网络性能。最后，由于宏基站通常工作在低频频段上，因而与基于毫米波的微小区之间不会产生同频干扰，可共同构建高性能的异构网络。

（2）固定无线接入（FWA）。

毫米波可用于 5G FWA，用于替代光纤“最后一公里”。在光纤到户的建设中，“最后一公里”接入是公认的难题。其原因包括环境复杂、物业阻挠、二次施工难度大、后期维护成本高等。FWA 由于采用无线接入，建设成本和维护成本低、部署敏捷，尤其适用于光纤还未到户的家庭和中小型企业。毫米波带宽资源丰富，能够提供极高的无线传输速率，尤其适合 FWA 应用。此前，爱立信在一个郊区场景下对 FWA 进行了测试，工作频段为 28 GHz，带宽为 200 MHz，采用 8×12 交叉极化天线单元。试验结果表明，在网络低负荷的情况下，区域内大部分用户的数据速率超过 800 Mbit/s，只有 11%的用户数据速率低于 400 Mbit/s。而在该区域满足 25%的家庭使用 4K 超高清视频服务的网速仅为 15 Mbit/s。可见基于毫米波的 5G FWA 足以代替“最后一公里”光纤满足家庭用户的未来需求。

（3）无线回传。

毫米波可用于基站间的回传。基站间回传对实现基站间工作、为用户（特别是边缘用户）提供高服务体验起到决定性的作用。采用光纤回传虽然能够提高回传的效率，但造价过高、投资回报率低。无线回传的造价低、建设快，并且部署灵活，受到广泛关注。与移动通信系统相同，可用于无线回传的频段同样需要遵守 ITU 制定的规则，因而可选频段有限。如果无线回传与基站工作在相同频段上，为避免相互之间的干扰必将导致系统频谱利用率的降低。利用毫米波作为无线回传的载体，可以很好地解决上述问题，同时借助于大规模 MIMO 构建高速率的回传链路，助力于实现基站间协同合作。

3.1.3　提高频谱效率的解决方案

5G 在原有 ITU 标注给 IMT 系统的频谱资源的基础上增加了 C 波段和毫米波波段的频谱资源，然而 5G 的频谱需求仍然面临巨大缺口。ITU 曾经预测，到 2020 年，国际移动通信频率需求将达到 1 340～1 960 MHz，届时中国的移动通信系统的频率需求将为 1 490～1 810 MHz，频谱缺口达 1 000 MHz。工业和信息化部为 5G 分配的频段，再加上对 2G、3G、4G 频段的重耕，仍然难以填补频谱缺口。对频谱的划分和深耕仍在持续进行中，与此同时，提升频谱效率作为解决频谱资源稀缺问题的另一重要手段也受到了普遍重视。

基于目前的研究现状，提升频谱效率的主要解决方案有动态频谱接入、全双工通信、密集网络、设备间通信（D2D，Device to Device）和新空口设计等。

动态频谱接入是指分配给用户的频谱资源可根据具体条件动态调整，多制式接入、载波聚合和授权辅助接入（LAA，License Assisted Access）等都可以看作动态频谱接入解决方案。多制式接入以控制面与用户面分离为基础，在保证服务质量的前提下，用户可在多种接入制式（如 LTE、NR、Wi-Fi 等）之间灵活地选择和切换，从而提升频谱利用率；载波聚合可将多个连续或不连续的载波聚合起来，同时为单个用户提供服务，既可以满足用户的高速传输需求，又提升了碎片频谱的使用率；LAA 侧重于对非授权频段的运营，令其作为授权频段的补充，可有效提升用户体验，并增强非授权频段的利用率。

密集组网是指在宏基站覆盖范围内增加大量小功率基站，构建多层网络以满足目标区域内的流量需求。结合有效的干扰管理策略，密集网络可利用空间复用和分集增益提升网络吞吐量，从而实现频谱效率的提升。

全双工技术可节省半双工中发射和接收的频谱保护间隔，消除 FDD 和 TDD 两种双工模式的差异性，能够极大地提高频谱使用的灵活性，从而提高频谱的使用效率。

D2D 通信即相邻终端使用授权频谱直接通信，传输的用户面数据不通过基站。D2D 通信中的终端设备距离短，通常不会对小区内其他终端的通信产生严重干扰。由于数据传输未经过基站，因此，D2D 通信可有效减轻网络阻塞的概率和基站负载、增加系统容量，是提高频谱效率的有效手段之一。

频谱资源的精细化管理也是提升移动通信系统频谱效率的有效手段。动态、精确的资源分配策略一直是无线通信领域的重要研究方向。如果能够根据实时的网络状态动态地分配资源，将会获得极高的资源使用效率，进而极大地提升网络性能。然后，无线信道的时变特性以及移动通信系统的日益复杂化，使得动态资源分配算法过于复杂，不能实现。如何在算法性能和计算复杂度之间进行合理的折中，需要进行进一步的深入研究。

3.2 5G 物理层

相比于 4G，5G 的物理层资源在时域和频域上具有多种不同大小的粒度，使得资源分配更为灵活、资源利用率更高。

3.2.1 波形和发射机结构

5G NR 采用如图 3-1 所示的发射机结构。NR 下行采用带循环前缀（CP，Cycle Prefix）的正交频分复用（OFDM）波形，即 CP-OFDM 波形。NR 下行支持最大 8 层传输，其中，1～4 层传输对应 1 个码字、5～8 层传输对应 2 个码字。NR 上行有两种波形：CP-OFDM 和 DFT-s-OFDM。其中，上行 CP-OFDM 与下行相同，可传输多层数据，适用于宽带业务的上行传输；DFT-s-OFDM 仅用于单层传输。NR 上行可选择性地进行传输预编码，但下行传输无预编码过程。

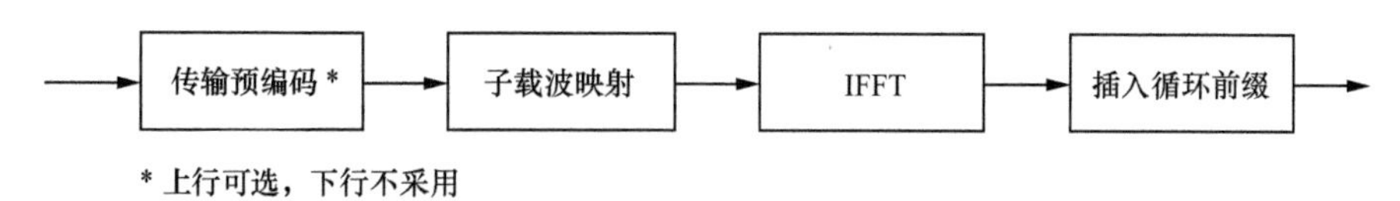

图 3-1　5G NR 发射机结构

3.2.2　灵活的参数配置

LTE 采用固定的子载波间隔为 15 kHz 的 OFDM 波形，配合两种不同长度的 CP 以适应不同的部署场景。与 LTE 系统不同，5G NR 采用了变化的子载波间隔，以支持 5G 极宽的频谱范围和满足不同的业务需求。

为了描述波形的变化，3GPP 在 R14 的 TR 38.802 中定义了参数集（Numerology）的概念。参数集包含子载波间隔和 CP 长度两个参数。子载波间隔以 15 kHz 为基准，按 2^{μ}（$\mu=\{0,1,2,3,4\}$）比例扩展。CP 长度随子载波间隔不同而不同，并分为常规 CP 和扩展 CP。目前，R15 定义的参数集如表 3-3 所示。

表 3-3　5G NR 参数集

μ	$\Delta f=2^{\mu}\times15$ kHz	CP 类型	频率范围	是否支持数据传输	是否支持同步信号传输
0	15	常规	FR1	是	是
1	30	常规	FR1	是	是
2	60	常规、扩展	FR1/FR2	是	否
3	120	常规	FR2	是	是
4	240	常规	FR2	否	是

NR 的子载波间隔最小为 15 kHz，与 LTE 系统一致。15 kHz 子载波间隔的 CP 开销较小，在 LTE 系统的频段（<6 GHz）上对相位噪声和多普勒效应有较好的顽健性。以 15 kHz 作为扩展的基准，可使 NR 与 LTE 有较好的兼容性。在 NR 的毫米波频段上，相位噪声随频率的增加而增加。此时，扩展子载波间隔有利于对抗相位噪声。按 2^{μ}（$\mu=\{0,1,2,3,4\}$）比例扩展的设计，一方面使 NR 可支持多种信道带宽、满足多样的应用和部署需求，另一方面有利于不同参数集波形的共存、实现灵活调度。

从覆盖能力的角度看，较小的子载波间隔可实现较大的覆盖范围；从频率的角度看，高频信号相位噪声大，因而必须适当提高子载波间隔。综合覆盖和频率两方面，爱立信举例说明了不同子载波的适用范围，如图 3-2 所示。

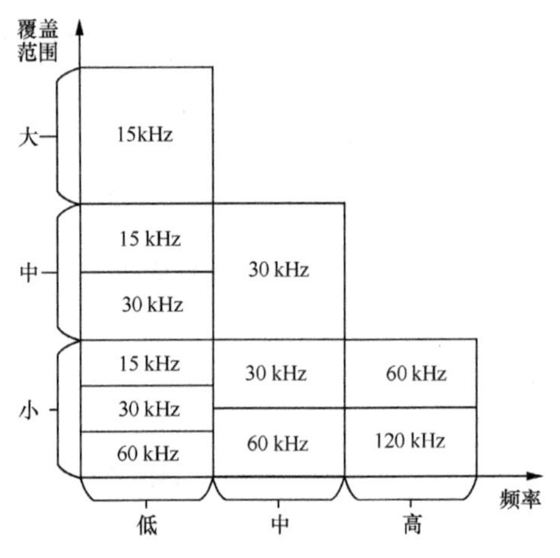

图 3-2 不同子载波间隔用例

3.2.3 帧结构和资源块

在 5G NR 中，1 个时间帧（Frame）的长度为 10 ms，包含了 10 个长度为 1 ms 的子帧，这与 LTE 的时间帧设计相同。NR 的每个子帧包含的时隙数量与子载波间隔有关。在常规 CP 下，每个时隙固定由 14 个 OFDM 符号组成（在非常规 CP 下为 12 个 OFDM 符号）。当子载波间隔为 15 kHz 时，每个 OFDM 符号长度为 66.67 μs（1/15 kHz），常规 CP 长度为 4.7 μs，则相应的一个时隙的长度为 14×（66.67 μs + 4.7 μs）≈1 ms，因此，15 kHz 子载波间隔的每个子帧包含 1 个时隙。图 3-3 说明了 15 kHz 子载波间隔下的时间帧结构。

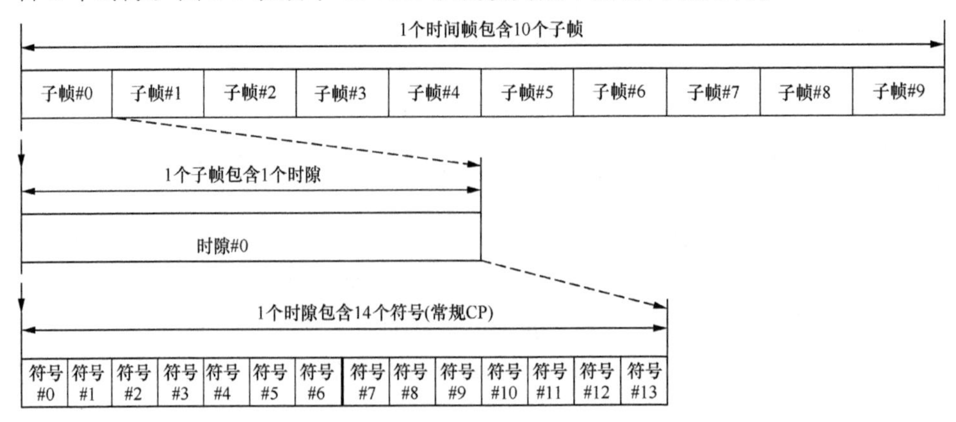

图 3-3 5G NR 时间帧结构（常规 CP、15 kHz 子载波间隔）

对于子载波间隔为 15 kHz×2^{μ}（μ=1,2,3,4）的波形，OFDM 符号长度（以及 CP 长度）按比例缩小，时隙长度相应地按 1/2^{μ} ms 的规律缩短。表 3-4 列举了不同子载波间隔下的时隙长度及每子帧包含的时隙数。

表 3-4 不同子载波间隔下的时隙长度

Δf（kHz）	时隙长度（ms）	每子帧包含的时隙数量
15	1	1
30	0.5	2
60	0.25	4
120	0.125	8
240	0.062 5	16

LTE 中定义了资源块（RB，Resource Block）作为资源调度的基本单元，1 个资源块在频域上包含 12 个连续的子载波，在时域上持续 1 个时隙长度（0.5 ms）。5G NR 沿用了 LTE 的资源块概念，每个 NR 资源块在频域上包含 12 个连续子载波、时域上持续 1 个时隙长度。由于 NR 定义了多种不同的参数集，因而有几种不同的资源块结构。如 15 kHz 子载波间隔下，1 个资源块频域上为 180 kHz、时域上持续 1 ms；30 kHz 子载波间隔下，1 个资源块频域上为 360 kHz、时域上持续 0.5 ms。不同子载波间隔下的资源块结构如图 3-4 所示。

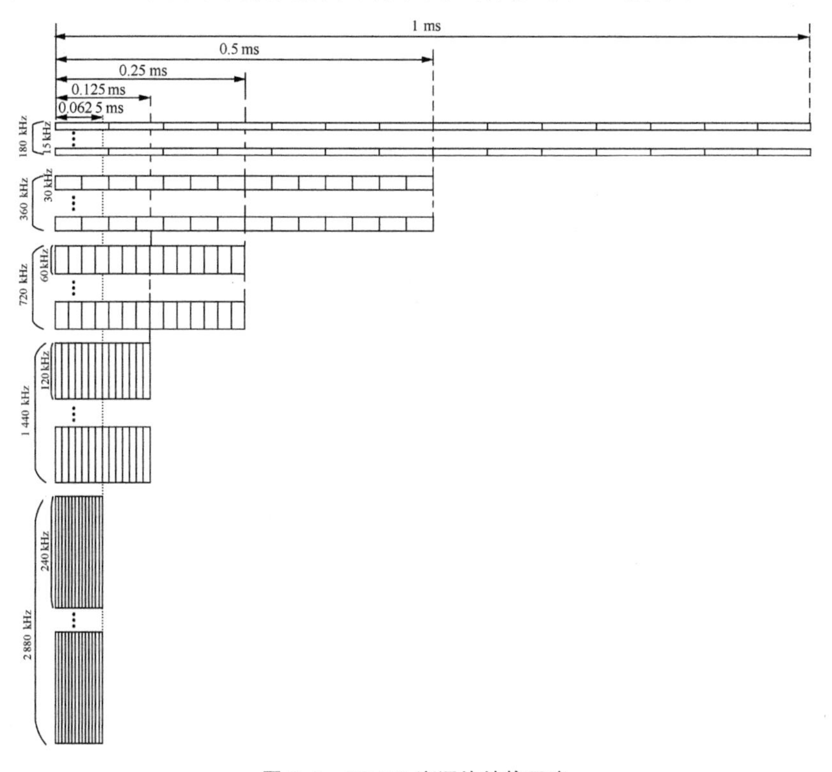

图 3-4 5G NR 资源块结构示意

3.2.4 最小时隙和时隙聚合

在频域上，5G NR 定义了多种子载波间隔以适应多样的部署和应用场景；在时域上，5G NR 定义了多种时间调度粒度，增强调度的灵活性，以满足不同业务应用的需求。LTE 的时间调度粒度为 1 个时隙。在此基础上，5G NR 增加了最小时隙（Mini-Slot）和时隙聚合（Slot Aggregation）两种时间调度的概念。

最小时隙是指资源分配的时间粒度可小于 1 个时隙。R15 中定义的最小时隙在常规 CP 下可为 2、4 或 7 个符号，在扩展 CP 下可为 2、4 或 6 个符号。基于最小时隙的调度有两个主要的适用场景：非授权频谱传输和低延迟业务（uRLLC）。

- **非授权频谱传输**。使用非授权频谱是移动通信系统扩展频谱资源的重要手段之一。非授权频谱上的业务非常繁忙，抢占信道最好的方法是一旦发现信道空闲马上开始传输。在 LTE 中，资源调度以时隙为单位，即使监听到信道空闲，也必须等到下一个时隙开始进行传输，如图 3-5（a）所示。在等待下一个时隙开始的间隙，非授权频谱信道很可能被其他业务占用。5G NR 基于最小时隙的调度，可在任意符号位置发起传输，因此，可以在监听到信道空闲后马上进行传输，迅速占据非授权频谱上的信道，极大地提高了使用非授权频谱的成功率，如图 3-5（b）所示。

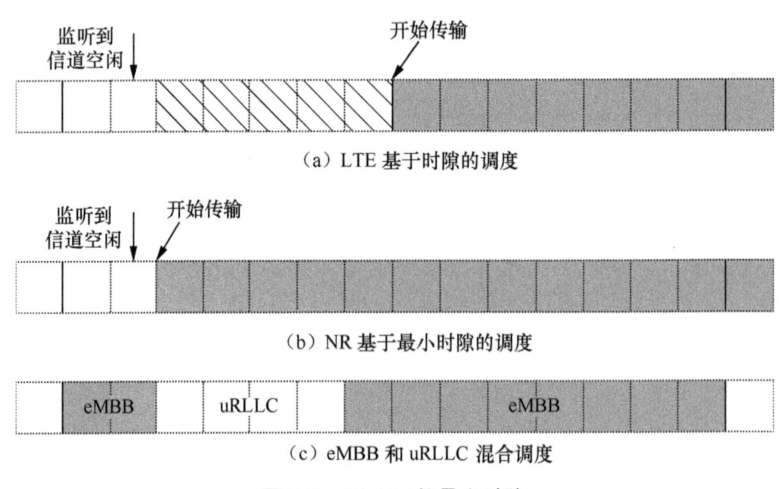

图 3-5 5G NR 的最小时隙

- **超可靠低延迟业务（uRLLC）**。uRLLC 业务的主要特点是数据量小、延迟要求高。图 3-5(c)表示一个 eMBB 和 uRLLC 混合调度的例子。通常 eMBB 业务对延迟不敏感，因此，可将 uRLLC 业务嵌入到 eMBB 业务的资源中。由于 uRLLC 业务仅占少量符号资源［如图 3-5（c）中仅为 4 个 OFDM 符号］，因此，对 eMBB 的影响可忽略。而 uRLLC 无须等到 eMBB 结束后再开始，这极大地降低了传输延迟。

与最小时隙相反，5G NR 的时隙聚合是将一次传输调度扩展到两个或更多时隙上，其概念类似于载波聚合。时隙聚合可为数据量较大的业务（如 eMBB 场景）分配多个连续时隙，如图 3-6 所示。

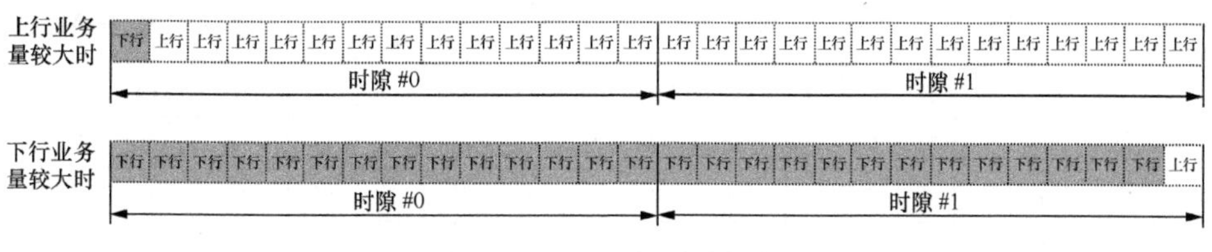

图 3-6　5G NR 的时隙聚合

时隙聚合可减少控制信令的开销，提高资源利用率。另外，结合重复传输机制，时隙聚合还有利于增强覆盖。

3.2.5　时隙结构

5G NR 采用了一种“自包含”的时隙结构，即每个时隙中包含了解调解码所需的解调参考信号和必要的控制信息，使终端可以快速地对接收到的数据进行处理，降低端到端的传输延迟。

在 5G NR 中，一个时隙可以是全上行或全下行配置，也可以是上下行混合配置，如图 3-7 所示。在混合配置的时隙中，上行符号与下行符号存在一段保护间隔。为了进一步增加调度的灵活性，一个时隙内最多允许有两次上下行切换。时隙内符号的配置可以是静态、半静态甚至是动态的。

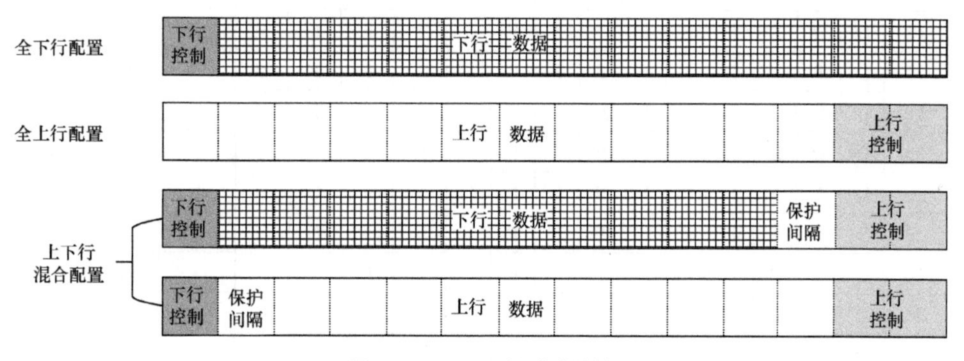

图 3-7　5G NR 的时隙结构

实际上，5G NR 定义了 3 种符号类型：上行符号、下行符号和灵活符号。其中，上、下行符号通常由网络侧决定，而灵活符号可由终端决定为上行或是下行。文献[26]中列举了 3GPP 定义的时隙结构，如表 3-5 所示（表中 D 代表下行符号，U 代表上行符号，F 代表灵活符号）。

表 3-5　5G NR 的时隙格式

编号	时隙中的符号位置														上行符号数量	下行符号数量	灵活符号数量
	0	1	2	3	4	5	6	7	8	9	10	11	12	13			
0	D	D	D	D	D	D	D	D	D	D	D	D	D	D	0	14	0
1	U	U	U	U	U	U	U	U	U	U	U	U	U	U	14	0	0
2	F	F	F	F	F	F	F	F	F	F	F	F	F	F	0	0	14
3	D	D	D	D	D	D	D	D	D	D	D	D	D	F	13	0	1
4	D	D	D	D	D	D	D	D	D	D	D	D	F	F	12	0	2
5	D	D	D	D	D	D	D	D	D	D	D	F	F	F	11	0	3
6	D	D	D	D	D	D	D	D	D	D	F	F	F	F	10	0	4
7	D	D	D	D	D	D	D	D	D	F	F	F	F	F	9	0	5
8	F	F	F	F	F	F	F	F	F	F	F	F	F	U	0	1	13
9	F	F	F	F	F	F	F	F	F	F	F	F	U	U	0	2	12
10	F	U	U	U	U	U	U	U	U	U	U	U	U	U	0	13	1
11	F	F	U	U	U	U	U	U	U	U	U	U	U	U	0	12	2
12	F	F	F	U	U	U	U	U	U	U	U	U	U	U	0	11	3
13	F	F	F	F	U	U	U	U	U	U	U	U	U	U	0	10	4
14	F	F	F	F	F	U	U	U	U	U	U	U	U	U	0	9	5
15	F	F	F	F	F	F	U	U	U	U	U	U	U	U	0	8	6
16	D	F	F	F	F	F	F	F	F	F	F	F	F	F	4	0	13
17	D	D	F	F	F	F	F	F	F	F	F	F	F	F	2	0	12
18	D	D	D	F	F	F	F	F	F	F	F	F	F	F	3	0	11
19	D	F	F	F	F	F	F	F	F	F	F	F	F	U	1	1	12
20	D	D	F	F	F	F	F	F	F	F	F	F	F	U	2	1	11
21	D	D	D	F	F	F	F	F	F	F	F	F	F	U	3	1	10
22	D	F	F	F	F	F	F	F	F	F	F	F	U	U	1	2	11
23	D	D	F	F	F	F	F	F	F	F	F	F	U	U	2	2	10
24	D	D	D	F	F	F	F	F	F	F	F	F	U	U	3	2	9
25	D	F	F	F	F	F	F	F	F	F	F	U	U	U	1	3	10
26	D	D	F	F	F	F	F	F	F	F	F	U	U	U	2	3	9
27	D	D	D	F	F	F	F	F	F	F	F	U	U	U	3	3	8

（续表）

编号	时隙中的符号位置														上行符号数量	下行符号数量	灵活符号数量
	0	1	2	3	4	5	6	7	8	9	10	11	12	13			
28	D	D	D	D	D	D	D	D	D	D	D	D	F	U	12	1	1
29	D	D	D	D	D	D	D	D	D	D	D	F	F	U	11	1	2
30	D	D	D	D	D	D	D	D	D	D	F	F	F	U	10	1	3
31	D	D	D	D	D	D	D	D	D	D	D	F	U	U	11	1	2
32	D	D	D	D	D	D	D	D	D	D	F	F	U	U	10	2	2
33	D	D	D	D	D	D	D	D	D	F	F	F	U	U	9	2	3
34	D	F	U	U	U	U	U	U	U	U	U	U	U	U	1	12	1
35	D	D	F	U	U	U	U	U	U	U	U	U	U	U	2	11	1
36	D	D	D	F	U	U	U	U	U	U	U	U	U	U	3	10	1
37	D	F	F	U	U	U	U	U	U	U	U	U	U	U	1	11	2
38	D	D	F	F	U	U	U	U	U	U	U	U	U	U	2	10	2
39	D	D	D	F	F	U	U	U	U	U	U	U	U	U	3	9	2
40	D	F	F	F	U	U	U	U	U	U	U	U	U	U	1	10	3
41	D	D	F	F	F	U	U	U	U	U	U	U	U	U	2	9	3
42	D	D	D	F	F	F	U	U	U	U	U	U	U	U	3	8	3
43	D	D	D	D	D	D	D	D	D	F	F	F	F	U	9	1	4
44	D	D	D	D	D	D	F	F	F	F	F	F	U	U	6	2	6
45	D	D	D	D	D	D	F	F	U	U	U	U	U	U	6	6	2
46	D	D	D	D	D	F	U	D	D	D	D	D	F	U	10	2	2
47	D	D	F	U	U	U	U	D	D	F	U	U	U	U	4	8	2
48	D	F	U	U	U	U	U	D	F	U	U	U	U	U	2	10	2
49	D	D	D	D	F	F	U	D	D	D	D	F	F	U	8	2	4
50	D	D	F	F	U	U	U	D	D	F	F	U	U	U	4	6	4
51	D	F	F	U	U	U	U	D	F	F	U	U	U	U	2	8	4
52	D	F	F	F	F	F	U	D	F	F	F	F	F	U	2	2	10
53	D	D	F	F	F	F	U	D	D	F	F	F	F	U	4	2	8
54	F	F	F	F	F	F	F	D	D	D	D	D	D	D	7	0	7
55	D	D	F	F	F	U	U	U	D	D	D	D	D	D	8	3	3
56～254	保留																
255	用户根据“*tdd-UL-DL-ConfigurationCommon*”“*tdd-UL-DL-ConfigurationCommon2*”或者“*tdd-UL-DL-ConfigDedicated*”，以及专有 DCI 格式（如果有）判断时隙格式																

3.2.6 带宽自适应

在 LTE 系统中，用户终端传输带宽与系统信道带宽相同，并且固定不变。即使在终端只有少量传输数据时，系统仍然将全部信道带宽分配给终端，造成频谱资源的浪费。5G NR 引入了带宽自适应策略，允许终端使用小于信道带宽的频谱资源进行传输。NR 的信道带宽最大可达 100 MHz（FR1）和 400 MHz（FR2），对用户终端的射频功能要求较高。采用带宽自适应策略后，终端的射频端无须支持全部信道带宽，有利于 NR 接收能力较弱的终端，这对 5G 商用初期、终端发展不成熟的阶段有重要意义。

为实现带宽自适应，NR 定义了（BWP，Band Width Part）的概念。BWP 由若干连续的物理资源块组成，其带宽小于系统信道带宽。针对同一用户终端的 BWP 可配置不同的参数集(子载波间隔和 CP)。图 3-8 举例说明了基于 BWP 的带宽自适应策略。初始时系统以 BWP 1 为用户终端进行传输。BWP 1 带宽为 40 MHz，小于信道带宽，子载波间隔为 15 kHz。当用户的数据量较小时，可将传输资源调整为 BWP 2。BWP 2 与 BWP 1 有相同的中心频率，但带宽缩小到 10 MHz，子载波间隔仍为 15 kHz。此时空闲的信道带宽可用于其他终端的传输服务。BWP 可位于不同的中心频率上，选用的参数集也可以是不同的。如图 3-8 中 BWP 3 的中心频率高于 BWP 1 和 BWP 2，并采用了 60 kHz 的子载波间隔。

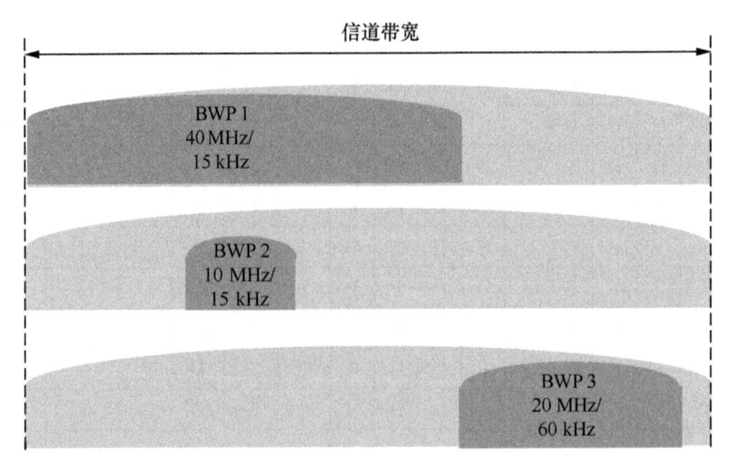

图 3-8 带宽自适应举例

系统可为用户配置 4 个不同的下行 BWP 和 4 个上行 BWP，但某一时刻上只有一种 BWP 被激活。在 FDD 模式下，上、下行的 BWP 分别独立配置、互不相关；在 TDD 模式下，上、下行 BWP 是成对配置的。从功能上看，BWP 主要分为两类：初始化 BWP（Initial BWP），主要用于 UE 接收必要的系统信息、发起随机接入等；专用 BWP（Dedicated BWP），主要用于数据业务的传输。

3.2.7 物理信道与调制编码

相比于 LTE，5G NR 简化了物理信道的定义，取消了小区专用参考信号，增加了相位追踪参考信号。5G NR 物理信道和信号结构有利于提高频谱利用率和降低端到端延迟。

具体地，5G NR 定义了以下 3 种物理下行信道：

- 物理下行共享信道（PDSCH，Physical Downlink Shared Channel）；
- 物理下行控制信道（PDCCH，Physical Downlink Control Channel）；
- 物理广播信道（PBCH，Physical Broadcast Channel）。

5G NR 的上行物理信道同样有 3 种，包括：

- 物理上行共享信道（PUSCH，Physical Uplink Shared Channel）
- 物理上行控制信道（PUCCH，Physical Uplink Control Channel）
- 物理随机接入信道（PRACH，Physical Random Access Channel）

5G NR 定义的参考信号均为用户专用参考信号，降低了参考信号的开销，同时也降低了终端解调信道的时延。NR 定义的参考信号包括以下几种。

- 主同步信号（PSS，Primary Synchronization Signal）和辅同步信号（SSS，Secondary Synchronization Signal）：由基站周期性发送，周期长度由网络配置决定。终端可根据这些信号检测和保留小区计时器。网络可在频域上配置多个 PSS 和 SSS。
- 解调参考信号（DMRS，Demodulation RS）：附着于物理信道内，用于对相应物理信道进行相干解调。
- 相位追踪参考信号（PTRS，Phase Tracking Reference Signal）：附着于物理信道内，可用于对一般的相位误差进行纠错，也可用于对多普勒频移和时变信道进行追踪。
- 信道状态信息参考信号（CSI-RS，Channel State Information-Reference Signal）：用于终端估计信道状态信息。终端将对信道状态信息的估计反馈给 gNB，gNB 根据得到的反馈进行调制编码策略选择、波束赋形、MIMO 秩选择和资源分配。CSI-RS 的传输可以是周期性、非周期性和半持续性的，速率由 gNB 配置。CSI-RS 也可用于干扰检测和精细的时频资源追踪。
- 寻呼参考信号（SRS，Sounding Reference Signal）：SRS 是上行参考信

号，gNB 可根据接收到的 SRS 估计上行信道状态信息，协助上行调度、上行功率控制和下行传输（如在上下行互易的场景中可用于下行波束赋形）。SRS 由 UE 周期性传输，速率由 gNB 配置。

表 3-6 详细列举了 5G NR 的物理信道和信号，以及对应的 LTE 等效信道和信号。

表 3-6　5G NR 的物理信道和信号

NR 信道/信号		描述	LTE 等效信道/信号
上行	PUSCH PUSCH-DMRS PUSCH-PTRS	物理上行共享信道 解调 PUSCH 的参考信号 解调 PUSCH 的相位追踪参考信号	PUSCH PUPSCH-DMRS 无
	PUCCH PUCCH-DMRS	物理上行控制信道 解调 PUCCH 的解调参考信号	PUCCH PUCCH-DMRS
	PRACH	物理随机接入信道	PRACH
	SRS	寻呼参考信号	SRS
下行	PDSCH PDSCH-DMRS PDSCH-PTRS	物理下行共享信道 解调 PDSCH 的解调参考信号 解调 PDSCH 的相位追踪参考信号	PDSCH PDSCH-DMRS 无
	PBCH PBCH-DMRS	物理广播信道 解调 PBCH 的解调参考信号	PBCH 无
	PDCCH PDCCH-DMRS	物理下行控制信道 解调 PDCCH 的解调参考信号	PDCCH PDCCH-DMRS
	CSI-RS	信道状态信息参考信号	CSI-RS
	PSS	主同步信号	PSS
	SSS	辅同步信号	SSS

R15 中定义了多种 5G NR 调制策略，可用于应对不同的传输场景和应用需求。具体的调制策略如表 3-7 所示。

表 3-7　5G NR 的调制策略

内容		调制方式	符号速率
下行	数据和高层控制信息	QPSK、16QAM、64QAM、256QAM	每 1 440 kHz 资源块 1 344 ksymbols/s； 等效于每 180 kHz 资源块 168 ksymbols/s
	L1/L2 控制信息	QPSK	
上行	数据和高层控制信息	π/2-BPSK（如果启用预编码）、QPSK、16QAM、64QAM、256QAM	每 1 440 kHz 资源块 1 344 ksymbols/s； 等效于每 180 kHz 资源块 168 ksymbols/s
	L1/L2 控制信息	BPSK、π/2-BPSK、QPSK	

在差错控制编码方面，5G NR 摒弃了 4G 的 Turbo 码，选用了低密度奇偶校验（LDPC，Low Density Parity Check）码和 Polar 码，分别用于数据信道编码和控制信道编码。

- LDPC 码

LDPC 码是一类具有稀疏校验矩阵的分组纠错码，具有逼近香农限的优异性能，并且具有译码复杂度低、可并行译码以及译码错误的可检测性等特点，从而成为信道编码理论新的研究热点。

- Polar 码

Polar 码基于信道极化理论，是一种线性分组码，相比于 LDPC 码，Polar 码在理论上能够达到香农极限。并且有着较低复杂度的编译码算法。

表 3-8 详述了 5G NR 针对不同内容选用的信道编码策略。

表 3-8　5G NR 编码策略

内容		编码策略
数据信息		码率为 1/3 或 1/5 的 LDPC 码，结合速率匹配
L1/L2 控制信息	DCI/UCI：大于 11 bit	Polar 码，结合速率匹配
	DCI/UCI：3～11 bit	Reed-Muller 编码
	DCI/UCI：2 bit	Simplex 编码
	DCI/UCI：1 bit	重发

3.3　多天线技术

3.3.1　大规模 MIMO

MIMO 是利用无线信号的空间独立性提高系统频谱效率的一种天线技术。移动通信系统在 3G 时代引入了 MIMO 技术，4G LTE 进一步发展了 MIMO 技术的应用。

2010 年，贝尔实验室在文献[27]中指出，在发射端已知信道状态信息的前提下，TDD 系统可通过增加基站的天线数量逐步削弱甚至消除噪声和快衰落对传输质量的影响。这一观点很快受到工业界和学术界的青睐，推动了大规模 MIMO

（Massive MIMO，也称为 Large Scale Antenna System）技术的快速发展。大规模 MIMO 成为最早确定的 5G 关键技术之一，并已成为 4G LTE 的扩容方案之一。

对大容量基站设备的急切需求是推动大规模 MIMO 快速发展的主要因素之一。除此之外，高频段的使用和有源天线系统（AAS，Active Antenna System）技术的成熟是实现大规模 MIMO 落地应用的主要推动力。

相邻天线发射的波形如果出现重叠，就会对信号传输产生严重的影响。为了避免重叠，通常要求天线振子间的间隔不小于半波长。我们知道，无线信号频率越高，相应的波长越短；相反，低频信号波长较长，随着天线振子数量的增加，天线尺寸将变得非常大。表 3-9 参考文献[28]中的例子对比了不同频段下大规模 MIMO 的尺寸。考虑一个面板型天线，其中天线阵列采用 8×8 的排列方式，天线振子双极化，振子间隔为载波频段的半波长，因此，大规模 MIMO 天线阵列的尺寸随载波频段的不同有较大差异。从表中可以看出，低频段载波的天线尺寸非常大。700 MHz 频段的天线阵列边长大于 1.7 m，这对塔杆的承重力有很高的要求，而紧张的天面资源也很难允许建设这样大尺寸的天线。在我国 5G 首发频段的 3.5 GHz 上，上述规模的天线阵列尺寸为 343 mm×343 mm，是可以接受的基站天线尺寸。在毫米波频段，该天线阵列的尺寸缩小到几十毫米等级。当频段为 73 GHz 以上时，相应的天线阵列的尺寸甚至可以嵌入在移动终端设备中。

表 3-9　不同载波频段下的天线阵列尺寸

载波频率（GHz）	波长（mm）	行数	列数	极化数	天线振子总数	阵列水平尺寸（mm）	阵列垂直尺寸（mm）
0.7	429	8	8	2	128	1 714	1 714
1.8	167	8	8	2	128	667	667
2.6	115	8	8	2	128	462	462
3.5	86	8	8	2	128	343	343
15	20	8	8	2	128	80	80
28	11	8	8	2	128	43	43
38	8	8	8	2	128	32	32
60	5	8	8	2	128	20	20
73	4	8	8	2	128	16	16
83	4	8	8	2	128	14	14
94	3	8	8	2	128	13	13

目前，在 LTE 系统中广泛应用的天线属于无源设备，需要通过馈线与无线远端设备（RRU，Radio Remote Unit）连接，RRU 再通过光纤与基带单元（BBU，Base Band Unit）连接。有源天线系统将 RRU 功能与无源天线设备集成，形成

有源天线单元（AAU，Active Antenna Unit）设备。高度集成化一方面减少了基站的硬件设备的数量，缩小了基站整体的物理空间尺寸；另一方面也减少了馈线损耗带来的功耗，为大规模MIMO天线的实际应用奠定了技术基础。更重要的是，有源天线系统实现了对馈线网络的数字化处理，极大地增强了天线波束的灵活性，并将波束从水平方向的二维空间分集扩展到水平方向和垂直方向的三维空间分集。

相比于传统的MIMO技术，大规模MIMO具有如下特性。

（1）更好的信号传播条件提高传输质量。

随着天线数量的增加，用户终端间信道的相关性降低，使得信道趋于最佳传播条件。同时，文献[27]中也论证了在发射端已知信道状态信息的前提下，可通过预编码等技术削弱噪声和多径效应的影响。信号传播条件的改善，不但有利于提升单个用户的传输质量,而且可有效降低不同位置用户体验的差异性。

（2）更窄的波束增强覆盖能力。

大规模MIMO通过对每个天线振子的数字化控制，可将辐射能量集中于目标空间内，形成更窄的波束，如图3-9（a）所示。窄波束一方面能够将电磁波信号传播到更远的位置，扩大基站的覆盖范围；另一方面降低了传输之间的干扰，能有效提高边缘用户的传输速率。由此可见，大规模MIMO可利用更窄的波束提高基站的覆盖能力。5G的工作频段较高，信号传播特性差。利用大规模MIMO补偿高频信号的弱覆盖对实现5G连续覆盖具有重要意义。

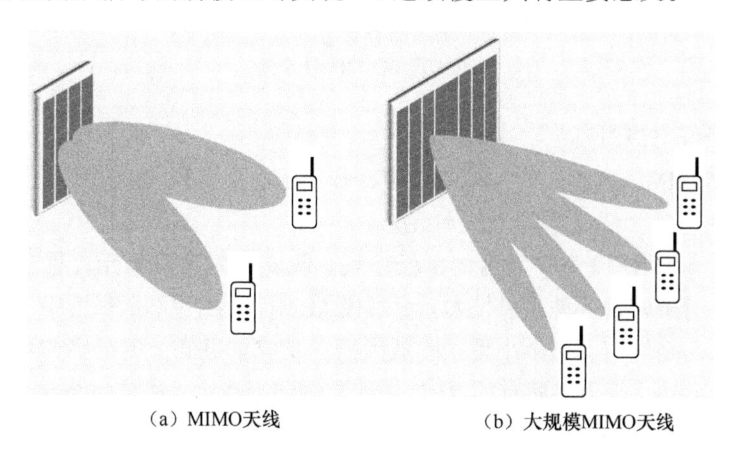

图3-9 大规模MIMO先进的波束赋形技术

（3）更高的空间复用增益提高小区容量。

多用户MIMO（MU-MIMO，Multi-User MIMO）技术可使基站在相同的时频资源上同时为多个用户服务，即利用空间复用增益获得基站容量和频谱效率的提升。在大规模 MIMO 中，基站侧天线数量显著增加，可发射的独立数据流数量更多，因而利用 MU-MIMO 技术可同时为更多终端提供服务，如图 3-9（b）所示。因此，相比于传统 MIMO 天线，大规模 MIMO 可成倍提升小区容量。

（4）增加垂直方向波束扩展覆盖维度。

在无源多天线系统中，波束赋形固定在一个二维平面上，通常称为水平方向波束赋形。有源天线系统增加了波束赋形的维度，使大规模 MIMO 可实现垂直方向的波束赋形，打破了室外基站无法覆盖高层建筑的桎梏，如图 3-10 所示。能够实现垂直方向波束赋形的多天线系统也被称为 3D-MIMO 或 FD-MIMO。3D-MIMO 降低了高层覆盖的难度，减少了对室分系统的需求，为无人机等未来的先进技术的应用提供了有力支撑。

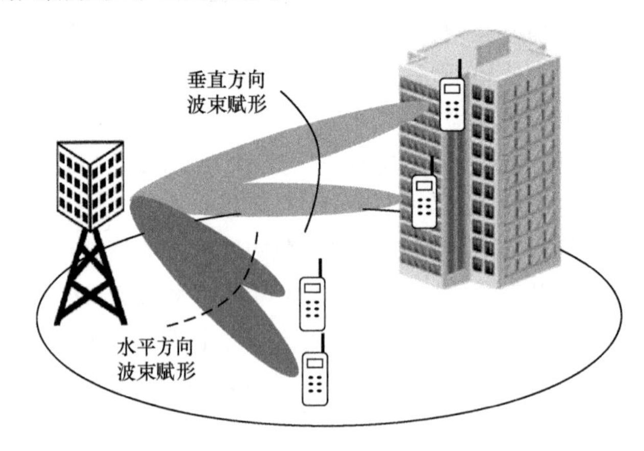

图 3-10　3D-MIMO 示意

（5）降低空口时延。

大规模 MIMO 可有效对抗多径效应，降低了由于多径效应导致的空口时延。

（6）低功耗、低成本的天线单元。

大规模 MIMO 设备中采用大量低功耗、低成本的天线单元，通过对天线单元的智能化管理实现各种先进技术。大规模 MIMO 天线并不是采用单一的大型功率放大器，而是使用了多个小型功率放大器，其成本更低，更重要的是放大器损耗也更低。另外，因为将原有的 RRU 功能整合到天线中，相应减少了馈线损耗。因此，大规模 MIMO 降低了能量消耗，极大地提升了移动通信系统的能量效率。

3.3.2　5G NR 大规模天线结构

5G NR 支持下行最大 32 天线端口、上行最大 4 天线端口。基站和用户终端支持矩形天线阵列，天线结构如图 3-11 所示。基于此结构，5G NR 可灵活支持多种天线间隔、天线振子数量、天线端口布局和天线极化方法。

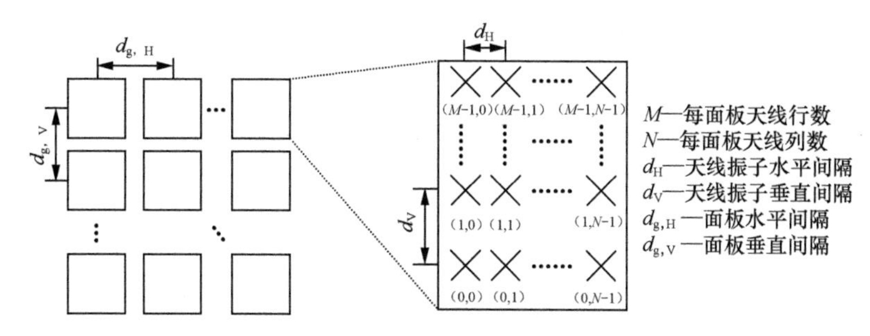

图 3-11 5G NR 大规模天线结构

3.3.3 波束赋形技术

波束赋形是用于天线阵列的信号处理技术，用于用户定向信号的传输或接收。波束成形技术通过输入权重向量对天线阵列中的振子进行调整，利用空间信道的强相关性和波的干涉原理使特定角度的信号增强，而使其他角度的信号削弱，最终获得方向性较强的辐射方向图。

在实际应用中，波束赋形主要有以下 3 种形式。

（1）单流波束赋形：基站的全部天线参与波束赋形，共产生一个具有方向性的窄波束，在某一时刻上只服务一个用户，即单流的数据传输，如图 3-12（a）所示。

（2）分组波束赋形：基站中的天线分成多个组，每组内的天线共同参与波束赋形，基站可产生指向不同方向的波束，但仍然为单流数据传输，如图 3-12（b）所示

（3）基于分组波束赋形的空分多址：基站中的天线分成多个组，每组内的天线共同参与波束赋形，且产生的波束在空间分离、互不干扰，从而基站可同时服务于多个用户，即为多流数据传输，也就是多用户 MIMO，如图 3-12（c）所示。

在波束赋形技术中，不同的权重向量将产生不同方向的波束。根据权重向量是否预先定义，波束赋形技术可以分为固定权重波束赋形和自适应波束赋形。

固定权重波束赋形是指根据预先定义好的权重向量进行波束赋形。针对不同位置的用户，基站在一组权重向量中选择最接近用户位置的波束与用户建立连接。固定权重波束赋形的好处是无须实时进行权重向量的计算，简化了天线

系统。但由于预先定义的权重向量无法遍历所有方向，当用户位置刚好位于两个波束之间时，无论选择哪个波束都无法获得较为理想的传输链路。在固定权重波束赋形中，权重向量也称为码本。

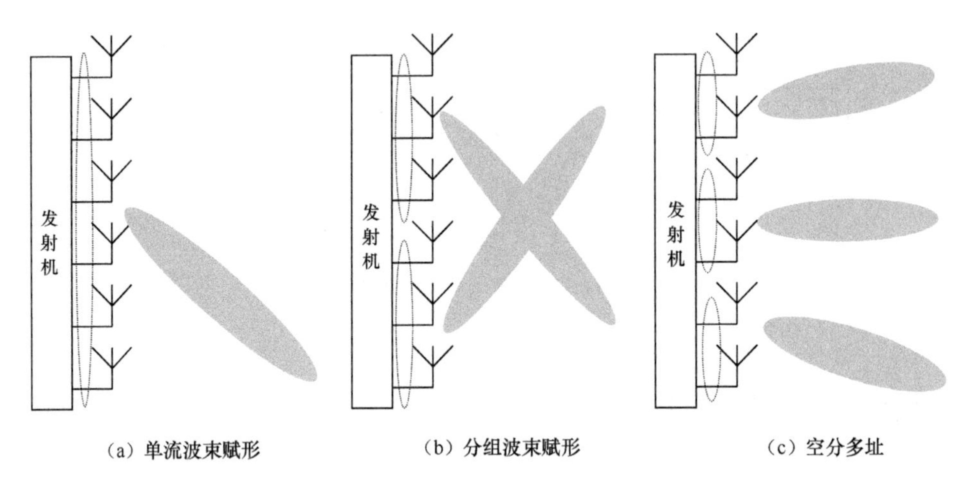

图 3-12　波束赋形的主要形式

自适应波束赋形是指根据用户位置和实时的信道状态信息计算出最优的权重向量，从而获得与用户最匹配的波束方向。自适应波束赋形不但可为所有用户提供最佳波束，同时能够在可能产生干扰的方向上形成零陷，从而降低小区间干扰。因此，自适应波束赋形可极大地提升用户体验和小区吞吐量。然而，自适应波束赋形的计算复杂度随着天线数量和用户数量的增加而激增，可用于实际系统的自适应波束赋形算法还有待进一步研究。

5G NR 采用了固定权重的波束赋形技术。系统预先定义了一组满足 3GPP R15 标准要求的码本（即权重向量）。为了充分发挥大规模 MIMO 和波束赋形技术的优势，NR 定义了一系列波束管理（Beam Management）方法和步骤，包括波束扫描（Beam Sweeping）、波束测量（Beam Measurement）、波束判决（Beam Determination）和波束报告（Beam Report）。以下行传输为例，在初始接入阶段，gNB 以时分形式、根据预先定义的码本重复发送同步信号和广播信道，如图 3-13（a）所示。这个步骤中的波束较宽，主要用于终端快速获得接入所需的信息，同时 gNB 初步判断适合终端的波束方向。图 3-13（a）中 gNB 发射波束#3 具有针对终端位置的最优的指向性。进一步地，gNB 在发射波束#3 的基础上对波束进行精细化处理，以获得更精准的波束方向，如图 3-13（b）所示。根据 gNB 最终判决的发射波束，终端从自己预先定义的码本中选择最优的码本进行接收，形成最适合的接收波束，如图 3-13（c）所示。

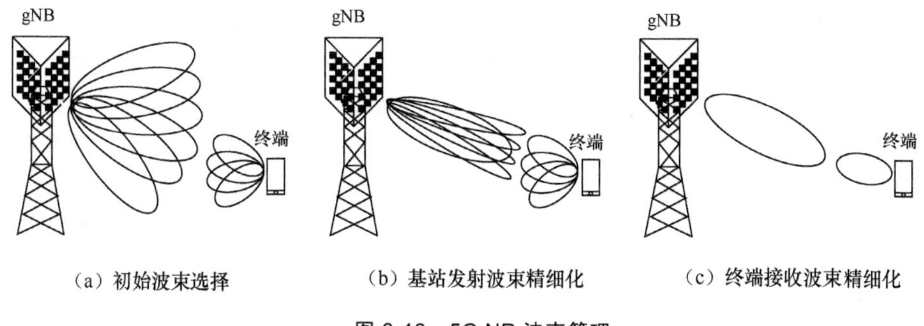

（a）初始波束选择　（b）基站发射波束精细化　（c）终端接收波束精细化

图 3-13　5G NR 波束管理

3.3.4　大规模 MIMO 商用现状

自 2010 年贝尔实验室提出大规模天线阵列的概念，大规模 MIMO 技术迅速发展。大规模 MIMO 可以很好地兼容 LTE 系统，并可为 LTE 系统带来显著的容量和覆盖性能的提升，因而基于 LTE 系统的大规模 MIMO 应用受到行业的青睐。

2014 年 11 月，中兴通讯联合中国移动在深圳完成了全球首个采用大规模天线的 TD-LTE 基站的预商用试验测试。测试采用 128 天线 64 端口的大规模 MIMO 系统，重点针对高层楼宇的深度覆盖进行测试。测试中实现了对 35 层高层办公楼的全面深度覆盖，数据吞吐量优于原有 8 天线基站，其中在 35 楼获得的数据速率是 8 天线基站的 3.36 倍。中兴通讯对大规模 MIMO 天线进行了周密的设计，使得大规模天线阵列的尺寸与 8 天线相当。在 2016 年巴塞罗那世界移动大会上，中兴通讯对自主研发的 Pre5G FDD Massive MIMO 进行了业务演示。演示可满足 8 部终端同时接入，实现单小区 2.6 Gbit/s 峰值速率，频谱效率提升达到 8 倍。最终该产品荣获“最佳移动技术突破”（Best Mobile Technology Breakthrough）以及“CTO 之选”（Outstanding Overall Mobile Technology-the CTO’s Choice 2016）双料大奖，代表了被业界认可的最高荣誉。2016 年 12 月 30 日，中兴通讯发布了全球首个基于 FDD LTE 制式的 Massive MIMO 解决方案，并与中国联通合作完成外场预商用验证。

2015 年 9 月，华为联合中国移动集团研究院、中国移动上海公司在上海成功开通了基于 4G 网的全球首个超大规模多天线基站，并完成外场验证测试。测试中，华为大规模 MIMO 系统单模块内置 128 个射频通道和 128 根天线，终端采用 4G 商用智能手机，在单载波 20 MHz 频谱实现了下行 630 Mbit/s 的吞吐量，频谱效率达到 4G 系统的 5 ~ 6 倍。

2016 年 9 月 16 日，日本软银开通了全球首个大规模 MIMO 商业服务。Sprint 已在亚特兰大、芝加哥、达拉斯、休斯敦、洛杉矶和华盛顿特区 6 个城市开启 64T64R 大规模 MIMO 技术的商业服务。美国 Sprint 表示新建的大规模 MIMO 站点可通过升级软件升级到 5G 网络。这意味着当正式启动 5G 商用时，能够在 6 个城市的塔架上远程激活 5G，而无须工程师再次爬到塔架上操作。

在 4G 网络上部署大规模 MIMO 系统有助于 4G 向 5G 的平滑演进。在这个过程中，大规模 MIMO 技术和终端设备需要不断地发展和改进。GTI 在大规模 MIMO 白皮书中规划了面向 5G 的大规模 MIMO 演进路线图，如图 3-14 所示。

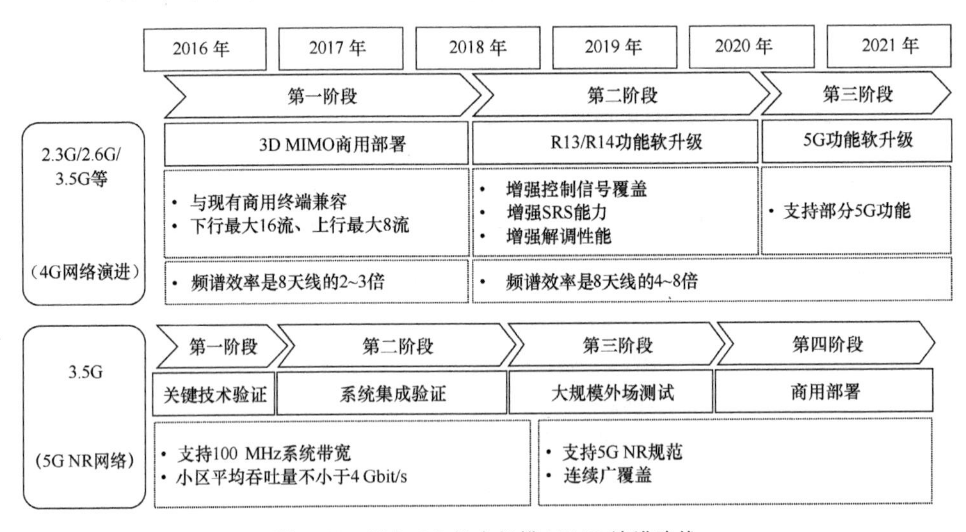

图 3-14　面向 5G 的大规模 MIMO 演进路线

3.4　LTE-NR 双连接

LTE 在 R12 引入了双连接的概念，即用户可在无线资源控制（RRC，Radio Resource Control）连接状态下同时利用两个基站独立的物理资源进行传输。LTE 双连接扩展了载波聚合的应用，能够有效提升网络容量，并具有提高切换成功率、负载均衡等能力。3GPP 基于 LTE 双连接提出了 LTE-NR 双连接技术，定义了 4G、5G 紧密互操作的技术规范，开创性地将 RAT 间的互操作过程下沉至网络边缘。对于 5G 来说，基于 LTE-NR 双连接技术的非独立组网模式可使 5G 核心网和接入网分步部署，有利于 5G 的快速部署和应用。当 5G 部署进入到较为成熟的独立组网阶段时，LTE-NR 双连接技术对扩展 5G 网络的覆盖、提升网络性能仍具有重要意义。

3.4.1 LTE 双连接技术

在 LTE 双连接技术中，UE 同时与两个基站连接，这两个基站分别称为主基站（MeNB，Master eNB）和辅基站（SeNB，Secondary eNB）。双连接可实现载波聚合。不同的是，载波聚合的承载在 MAC 层分离，需要 MAC 层对两个接入点的物理层资源进行同步调度。双连接的承载分离在 PDCP 层进行，两个接入点可独立进行物理层资源的调度，不需要严格同步，因此，可采用非理想的回程链路连接 MeNB 和 SeNB。

在 R12 定义的 LTE 双连接中，仅 MeNB 与移动管理实体（MME，Mobility Management Entity）有 S1 接口的连接，SeNB 与 MME 之间不存在 S1 连接，如图 3-15 所示。MeNB 通过 X2-U 接口与 SeNB 进行协调后产生 RRC 消息，然后转发给 UE。UE 对 RRC 消息的回复同样只发送给 MeNB。因此，在 LTE 双连接中 UE 只保留一个 RRC 实体，系统信息广播、切换、测量配置和报告等 RRC 功能都由 MeNB 执行。

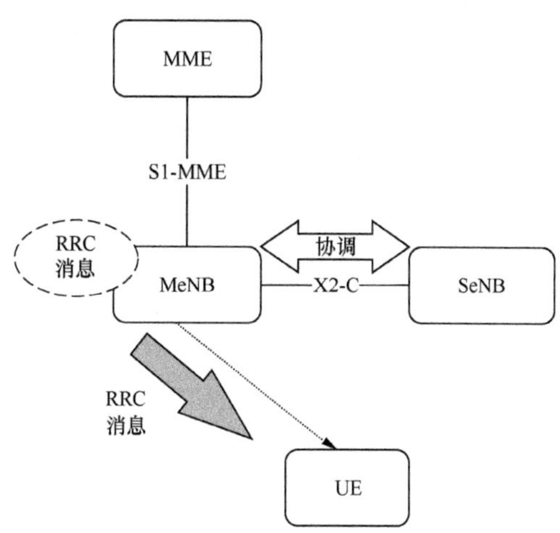

图 3-15　LTE 双连接控制面示意图

LTE 双连接中定义了主小区群（MCG，Master Cell Group）和辅小区群（SCG，Secondary Cell Group），并根据分离和转发方式的不同，将数据承载分为 3 种形式。

- MCG 承载：MCG 承载从核心网的 S-GW 路由到 MeNB，并由 MeNB 直接转发给 UE，也就是传统的下行数据转发方式。
- SCG 承载：SCG 承载从核心网的 S-GW 路由到 SeNB，再由 SeNB 转发给 UE。
- Split 承载：Split 承载在基站侧进行分离，可由 MeNB 或 SeNB 向 UE 转发，也可由 MeNB 和 SeNB 按分离比例同时为 UE 服务。

R12 定义了两种数据承载转发结构。

（1）1a 结构。

如图 3-16（a）所示，在 1a 结构中，MeNB 与 SeNB 都通过 S1 接口与 S-GW

连接。数据承载在核心网进行分离，并发送给 MeNB 或 SeNB，经由 MeNB 转发给 UE 的即为 MCG 承载，由 SeNB 转发给 UE 的为 SCG 承载。MeNB 或 SeNB 之间的 X2 回程链路上只需要交互协同所需的信令，不需要进行数据分组的交互，所以回程链路的负载较小。同时双连接不需要 MeNB 和 SeNB 之间的严格时间同步，因此，总体上 1a 结构对 X2 回程链路的要求较低。

数据承载通过 MeNB 或 SeNB 向 UE 传送，因此，峰值速率取决于 MeNB 和 SeNB 单站的传输能力。当 UE 发生移动时，小区切换需要核心网参与，切换效率较低，并存在数据中断的问题。

（2）3c 结构。

如图 3-16（b）所示，在 3c 结构中，只有 MeNB 与核心网（S-GW）通过 S1-U 接口连接，因此，数据承载只能由核心网发送给 MeNB。MeNB 对承载进行分离，将全部或部分承载通过 X2-U 接口发送给 SeNB。由于需要数据分组的交互，3c 结构要求 X2 回程链路有较高的容量。

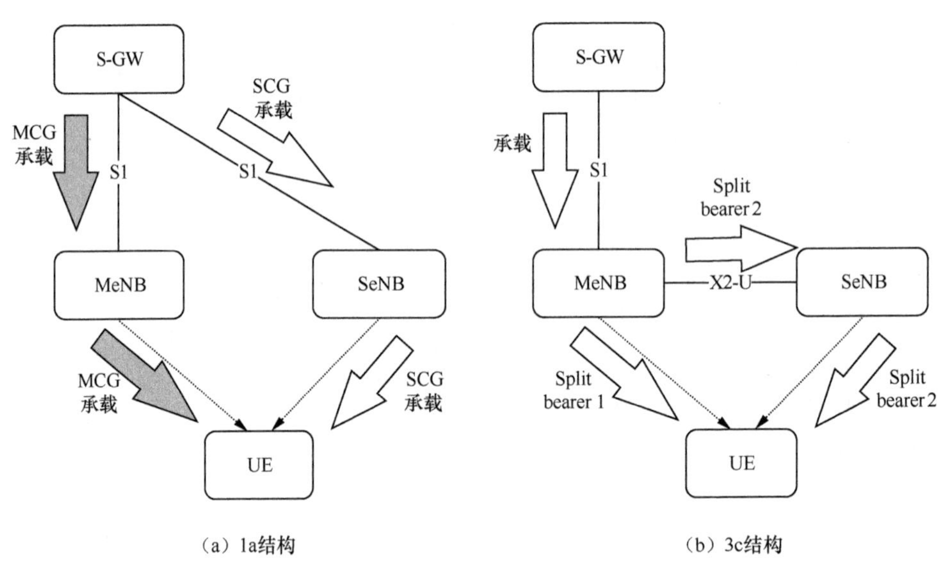

图 3-16　LTE 双连接用户面示意

3c 结构中数据承载可由 MeNB 或 SeNB 发送给 UE，也可由 MeNB 和 SeNB 同时发送给 UE，因此，下行传输的峰值速率可获得显著提升。另外，SeNB 分担了 MeNB 的承载，可用于负载均衡，有利于提升密集部署异构网络的整体性能。当 UE 发生移动时，3c 结构的切换过程对核心网的影响较小。同时，由于 UE 同时连接了两个基站，因此，提升了切换成功率。

3c 结构不但对回程要求较高，而且需要较复杂的层 2 协议。在 R12 版本中规定，3c结构只用于下行传输，不用于上行传输。

3.4.2 LTE-NR双连接技术

从全球范围内看，各国的5G首发频段主要有两类：一类是毫米波频段，如美国目前的5G商用重点为28 GHz、39 GHz等毫米波频段的固定无线接入；另一类是3.4～3.8 GHz高频频段，例如，我国确定的5G首发频段为3.5 GHz。可见，相比于过去的移动通信系统，5G工作在较高的频段上，因此，5G单小区的覆盖能力较差。即使可以借助大规模MIMO等技术增强覆盖，也无法使5G单小区的覆盖能力达到LTE的同等水平。因此，3GPP扩展了LTE双连接技术，提出了LTE-NR双连接，使得5G网络在部署时可以借助现有的4G LTE覆盖。LTE-NR双连接有利于4G向5G的平滑演进，对快速部署和发展5G具有重要意义。

与LTE双连接不同，LTE-NR双连接涉及4G的E-UTRA和5G的NR两种不同的无线接入技术的互操作，也就是说，在LTE-NR双连接中，UE可同时与一个4G基站（eNB）和一个5G基站（gNB）连接，在4G网络和5G网络的紧密互操作之下获得高速率、低时延的无线传输服务。与LTE双连接类似，LTE-NR双连接中将作为控制面锚点的基站称为主节点（MN，Master Node），将起辅助作用的基站称为辅节点（SN，Secondary Node）。

根据主节点和辅节点的类型，以及连接的核心网的不同，R15中定义了3种LTE-NR双连接结构。

（1）EN-DC（E-UTRA-NR Dual Connectivity）：核心网接入4G EPC，4G基站eNB作为主节点，5G基站作为辅节点。EN-DC中作为辅节点的5G基站主要为UE提供NR的控制面和用户面协议终点，但并不与5G核心网（5GC）连接，因此，在R15中称为en-gNB。3GPP提出了多种5G网络结构备选方案。其中，除了独立组网的option2之外，目前最受关注的3种非独立组网方案为option3系列、option7系列和option4系列。其中，option3系列的网络结构就是在EN-DC双连接技术基础上构建的4G、5G混合组网的网络架构。

（2）NGEN-DC（NG-RAN EUTRA-NR Dual Connectivity）：核心网接入5GC，但主节点仍然为4G基站，5G基站gNB作为辅节点。为了建立5GC与4G基站之间的连接，需要对4G eNB进行升级，称为ng-eNB，即支持NG接口协议的eNB。NGEN-DC结构可对应非独立组网的option7系列网络架构。

（3）NE-DC（NR-E-UTRA Dual Connectivity）：核心网接入5GC，主节点为5G基站gNB，辅节点为升级的LTE基站ng-eNB。基于NGEN-DC的组网结构符合3GPP提出的option4网络架构的技术特点。

表 3-10 总结了 R15 中定义的 3 种 LTE-NR 双连接结构。

表 3-10 R15 中定义的 3 种 LTE-NR 双连接结构

双连接结构	主节点类型	辅节点类型	核心网类型	网络结构
EN-DC	eNB	en-gNB	EPC	option3 系列
NGEN-DC	ng-eNB	gNB	5GC	option7 系列
NE-DC	gNB	ng-eNB	5GC	option4 系列

LTE-NR 双连接的控制面结构如图 3-17 所示。图 3-17（a）表示的是 EN-DC 结构下的控制面，其中核心网 EPC 与作为主节点的 eNB 以 S1 接口连接、主节点与辅节点以 X2-C 接口连接。图 3-17（b）和图 3-17（c）分别表示 NGEN-DC 和 NE-DC 两种接口下的控制面，其中，核心网（5GC）与主节点以 NG-C 接口连接、主节点与辅节点之间以 Xn-C 接口连接，可以看出，EN-DC 结构中的控制面协议依然以 LTE 的控制面接口协议为主，而 NGEN-DC 和 NE-DC 由于接入 5G 核心网，相应的接口协议也采用了 5G 的接口协议。

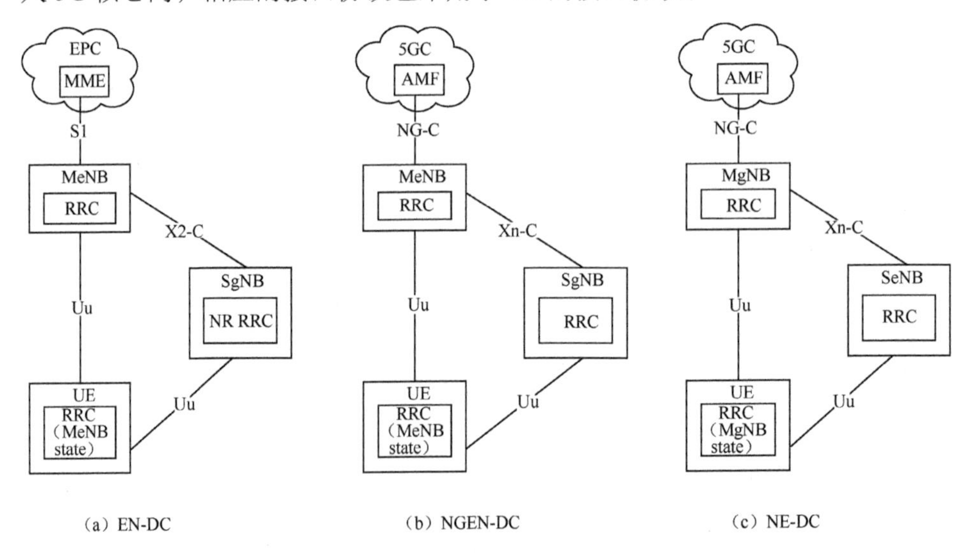

图 3-17 LTE-NR 双连接控制面结构

值得注意的是，与 LTE 双连接不同，LTE-NR 双连接中的 UE 既有与主节点的 RRC 连接，又有与辅节点的 RRC 连接。辅节点的初始 RRC 信息必须经由 X2-C 或 Xn-C 转发给主节点，再由主节点发送给 UE。一旦建立了辅节点与 UE 之间的 RRC 连接，之后的重新建立连接等过程可在辅节点与 UE 之间完成，不再需要主节点的参与。辅节点可独立地配置测量报告、发起切换等，具有较高的自主性。但是，辅节点不能改变UE的RRC状态，UE中只维持与主节点一致的RRC状态。

LTE-NR双连接用户面与LTE双连接相比有两点较大的不同。首先是协议栈不同。如图3-18所示，在LTE-NR双连接中，除了EN-DC结构中的MCG承载之外，SCG承载和Split承载以及NGEN-DC和NE-DC两种结构中的MCG承载均在NR PDCP子层中分离。另外，由于NGEN-DC和NE-DC两种结构接入了5GC，因此，无线侧协议增加了用于QoS流与数据承载映射的服务数据自适应协议（SDAP，Service Data Adaptation Protocol）子层，如图3-18（b）所示。

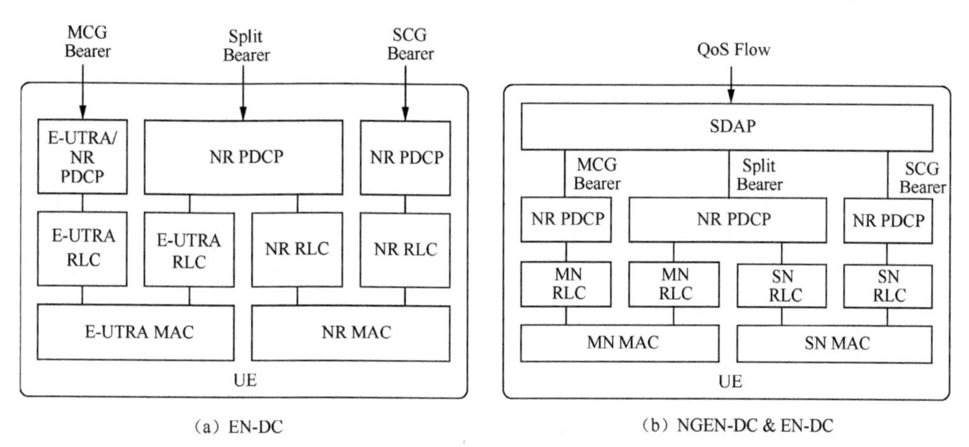

（a）EN-DC （b）NGEN-DC & EN-DC

图3-18 LTE-NR双连接用户面示意

LTE-NR双连接的另一个显著的不同是容许辅节点进行承载分离。实际上，由于5G传输的数据流量较大，进行承载分离的基站需要具备较强的处理能力和缓存能力。如果在作为主节点的4G基站中进行分离，为了满足承载，则分离需要占用大量的4G基站资源，将会对4G传输产生较大影响。在这种情况下，在作为辅节点的5G基站上进行承载分离效率更高。

3.5 上下行解耦

在LTE系统中，小区选择基于用户终端接收到的下行参考信号的强度。但由于基站发射功率远大于终端的发射功率，因此，实际中上、下行覆盖能力是不对称的。上下行解耦是解决这一问题的有效手段之一。将上行传输迁移到不同频段或邻近的微基站，降低了上行传输对小区覆盖的限制，扩大了小区覆盖范围，减少了基站建设的数量。

3.5.1 上下行覆盖差异

移动通信系统中的终端设备尺寸较小，因而电池容量有限。为了满足较长的续航能力，终端设备的发射功率通常不会很大，比如目前手机终端的最大发射功率一般为 23 dBm（200 mW）。相反，为了保证下行传输的质量，基站设备的发射功率可高达 46 dBm（40 W），远大于终端的发射功率。基站与移动终端发射功率的差异导致了小区上下行覆盖能力的不同。在图 3-19 中，用户所在的位置虽然能够接收到下行信号，但其发起的上行传输信号在基站端无法被识别。

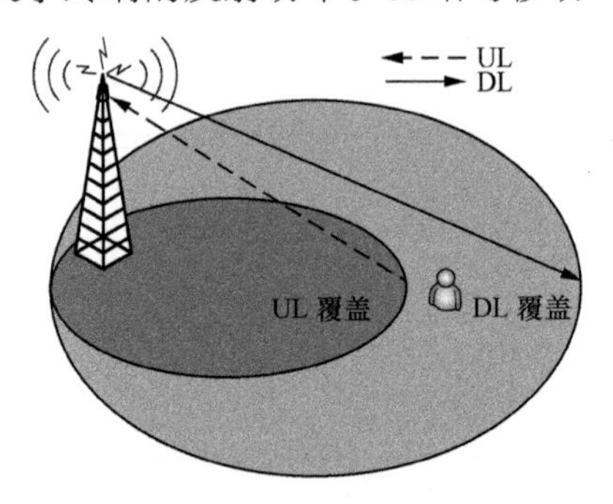

图 3-19 上下行覆盖不均衡

在 LTE 系统中，用户终端根据接收到的下行参考信号强度进行小区选择。在图 3-19 中，用户终端能够接收并解调来自基站的下行参考信号，但当其向基站发起接入或切换请求时，由于上行传输信号在基站侧无法被识别，将导致请求失败。为了保持覆盖的连续性，网络规划时通常以上行覆盖半径为标准计算站间距，但这样做一方面增加了站点建设的需求，另一方面由于小区边缘的下行信号强度较大，导致小区间干扰严重。

对于 5G 系统来说，上下行覆盖不一致的问题对部署成本、网络性能等方面的影响更为突出。首先，5G 的频段较高，无线信号在传播过程中衰减较大，导致基站的覆盖不及 LTE。虽然可利用大规模 MIMO 及波束赋形等先进技术增强下行覆盖，但上行覆盖依然有限。以上行覆盖为基准进行 5G 网络的规划，达到连续覆盖所需的站点数量将是现有 4G 站点的 2～3 倍。另外，以往的移动通信系统中上行传输的业务量较小，因此，对信道条件的要求不高。但是 5G 的许多目标应用将会产生与下行相同量级甚至高过下行传输的业务量，比如高清的视频会议、视频直播等。这类应用需要 5G 网络具备连续的、高质量的上行覆盖能力。最后，5G 的终端要求支持全频段、具备较高的信号处理能力等，将引起耗电量的增加，因而应尽可能在不提高终端发射功率的前提下满足上行覆盖需求。

3.5.2 5G 上下行解耦策略

针对上述问题，华为携手合作伙伴向 3GPP 提交了关于上下行解耦技术的提案，建议将部分上行传输迁移至空闲的 LTE 频段，以增强上行覆盖。图 3-20 以 1.8 GHz 的 LTE 频段为例，解释了上下行解耦技术。从图中可以看出，如果利用 1.8 GHz 频段进行上行传输，可显著增强 5G 上行覆盖。对此，华为与英国电信联合进行了外场测试，验证了 5G（3.5 GHz）与 LTE（1.8 GHz）共址的情况下，利用上下行解耦技术可实现相同的覆盖效果。同时，将部分上行传输迁移到 LTE 频段后，5G NR 可为下行传输分配更多的无线资源，可显著提升下行传输容量。但是为保障上下行解耦技术的有效性，需要更精准的资源调度算法。同时还需尽可能避免对 LTE 系统产生影响。

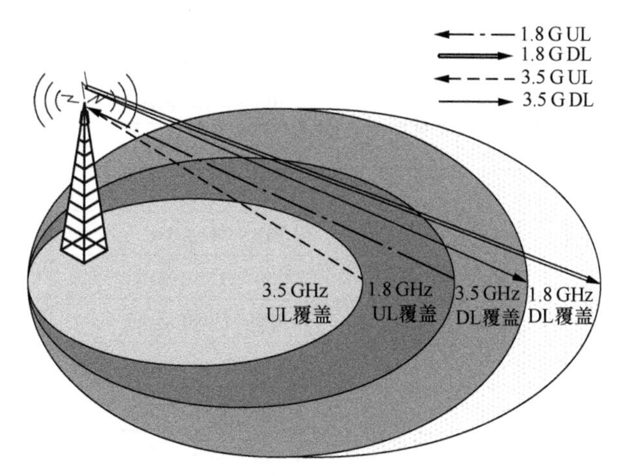

图 3-20　上下行解耦

3GPP 认同了上述提案，并将其纳入 R15 版本的技术规范中。R15 的版本明确了用于补偿上行（SUL，Supplementary Uplink）的频段，即上下行解耦技术中可用的上行低频频段，具体如表 3-11 所示。值得注意的是，表 3-11 所列频段只用于 SUL 传输模式的上行传输。

表 3-11　SUL 上行频段

频段编号	频率
n80	1 710～1 785 MHz
n81	880～915 MHz
n82	832～862 MHz
n83	703～748 MHz
n84	1 920～1 980 MHz
n86	1 710～1 780 MHz

结合表 3-11 中的 SUL 频段，R15 定义了多种 SUL 频段组合，如表 3-12 所示，其中，下行频段主要为 n78 和 n79，可分别与不同的 SUL 频段组合。

表 3-12　SUL 频段组合

SUL 频段组合	NR 频段		双工模式
	编号	频段	
SUL_n78-n80	n78	3 300～3 800 MHz	TDD
	n80	1 710～1 785 MHz	SUL
SUL_n78-n81	n78	3 300～3 800 MHz	TDD
	n81	880～915 MHz	SUL
SUL_n78-n82	n78	3 300～3 800 MHz	TDD
	n82	832～862 MHz	SUL
SUL_n78-n83	n78	3 300～3 800 MHz	TDD
	n83	703～748 MHz	SUL
SUL_n78-n84	n78	3 300～3 800 MHz	TDD
	n84	1 920～1 980 MHz	SUL
SUL_n78-n86	n78	3 300～3 800 MHz	TDD
	n86	1 710～1 780 MHz	SUL
SUL_n79-n80	n79	4 400～5 000 MHz	TDD
	n80	1 710～1 785 MHz	SUL
SUL_n79-n81	n79	4 400～5 000 MHz	TDD
	n81	880～915 MHz	SUL

3.6　载波聚合

3.6.1　LTE 载波聚合

载波聚合（CA）是指同时在两个或两个以上的载波上为用户配置传输的技术，其中每个独立的载波称为成分载波（CC，Component Carrier）。通过聚合多个成分载波，单用户的传输带宽成倍增加，可显著提高传输速率。3GPP 在

LTE R10 中提出了载波聚合的概念，并在之后的 Release 版本中不断提出载波聚合的演进技术。

根据聚合的成分载波位置的不同，载波聚合可分为 3 种类型：带内连续聚合、带内非连续聚合和带间聚合，如图 3-21 所示。带内连续聚合是指聚合的成分载波是同一频段内的相邻载波，如图中成分载波 A1 与 A2。带内非连续聚合中的成分载波同样位于相同的频段上，但不要求彼此相邻，如图中成分载波 A1 与 An。带间聚合是将不同频段上的成分载波聚合，如图中成分载波 A1 与 B1。带内连续聚合需要有两个或两个以上连续且可用的载波，灵活性较差，但是射频复杂度低、易于实现。非连续的载波聚合灵活性强，同时频谱利用率也更高。

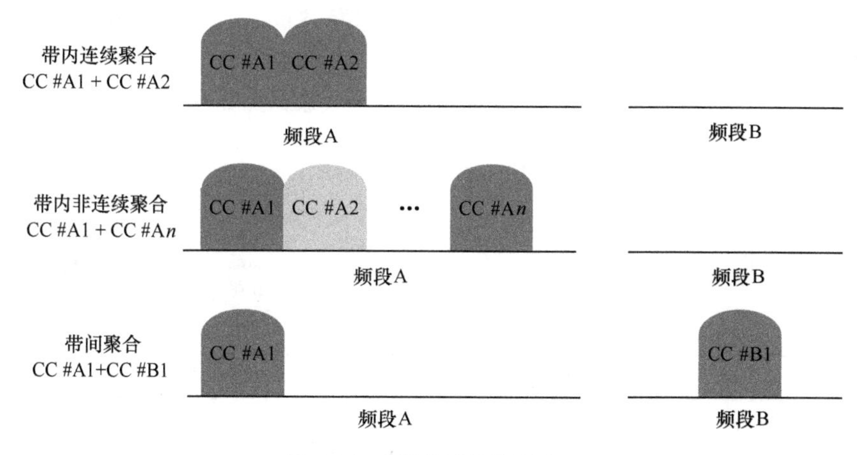

图 3-21　3 种类型的载波聚合

从用户的角度，载波聚合能够显著提高传输带宽，从而提高传输速率。R10 中最多容许聚合 5 个成分载波。LTE 系统最大载波带宽为 20 MHz，通过载波聚合可获得 100 MHz 带宽。到了 R13，容许聚合的载波数量提高到 32 个，最大聚合带宽高达 640 MHz，上/下行传输的理论峰值传输速率可接近 25 Gbit/s。从系统的角度，载波聚合能够将空闲频段充分利用起来，显著提高系统频谱资源的利用率。

3.6.2　5G NR 载波聚合

5G 在 FR1 和 FR2 两个频率范围内分别支持如下成分载波带宽。

- FR1：5 MHz、10 MHz、15 MHz、20 MHz、25 MHz、40 MHz、50 MHz、60 MHz、80 MHz、100 MHz。
- FR2：50 MHz、100 MHz、200 MHz、400 MHz。

5G 技术将最大支持 16 个成分载波的聚合。由此可知，5G 在 FR1 内的聚合带宽最大可达 1.6 GHz，远大于 LTE 的 640 MHz 最大聚合带宽；FR2 内的聚合带宽最大可达到 6.4 GHz。

目前，R15 中对载波聚合配置的说明尚未完成。在当前版本中，可配置的最大聚合载波数量为 8，且限于带内连续载波聚合。FR1 的最大聚合带宽可达 400 MHz，有两种实现方式：聚合 4 个连续的 100 MHz 载波；聚合 8 个连续的 50 MHz 载波。FR2 的最大聚合带宽可达 1 600 MHz，通过聚合 4 个 400 MHz 带宽的成分载波实现。FR2 上 8 载波聚合支持的最大成分载波带宽为 100 MHz，可获得最大聚合带宽为 800 MHz。R15 对带间聚合的配置仅限于两个独立频段、每频段上 1 个成分载波；FR1 上可获得的最大聚合带宽为 200 MHz，FR2 上可获得的最大聚合带宽为 800 MHz。R15 中对带内非连续载波聚合的配置尚在讨论中，将在后续版本的标准中说明。R15 中关于载波聚合的配置如表 3-13 所示。

表 3-13 R15 载波聚合配置

频率范围	带内连续载波聚合		带间载波聚合		带内非连续载波聚合
	最大聚合载波数量	最大聚合带宽（MHz）	最大聚合载波数量	最大聚合带宽（MHz）	
FR1	8	400①	2	200	待定
FR2	8②	1 600③	2	800	

注：① 2 种实现方式：4×100 MHz 或 8×50 MHz。
② 8 载波聚合的最大聚合带宽为 800 MHz（8×100 MHz）。
③ 实现方式：4×400 MHz。

第4章 5G覆盖规划

覆盖规划通过链路预算核算出特定无线环境最大允许路径损耗（MAPL），借助传播模型推算出单站覆盖半径，从而估算出覆盖区域内站点建设数量。本章主要介绍5G覆盖规划流程，对5G链路预算和传播模型进行详细的分析说明，输出了典型配置下5G NR链路预算表，并针对5G NR与4G链路预算进行对比分析。

4.1 无线覆盖场景分类

无线覆盖一般可分为面覆盖、线覆盖及点覆盖三大类，其中，面覆盖和线覆盖多为室外覆盖，点覆盖为室内覆盖。

如图 4-1 所示，面覆盖包含密集市区、一般市区、郊区（县乡镇）、农村 4 类场景。密集市区、一般市区等场景具有楼宇分布密集、高大，楼层相对较高并且楼宇分布不规则或成片分布，穿透损耗很大的特点。郊区（县乡镇）场景具有楼宇楼层较低、用户较为集中、覆盖范围较小等特点。农村用户分散，基本分布在村庄附近。

线覆盖包括高速铁路、普通铁路及地铁、隧道等场景。高速铁路覆盖对信号的切换要求较高，否则容易影响用户感知。普通铁路及高速公路所经过的地形往往复杂多变，只需要保证信号强度即可，基站覆盖范围一般较大。地铁及隧道覆盖具有范围狭长、地铁车厢车速移动、用户密度大、业务需求高等特点。

点覆盖包括中央商务区（CBD）、商业中心、居民住宅区、城中村、高校、交通枢纽、大型会展中心、工业园区、风景区等几类场景。

各场景的特点如表 4-1 所示。

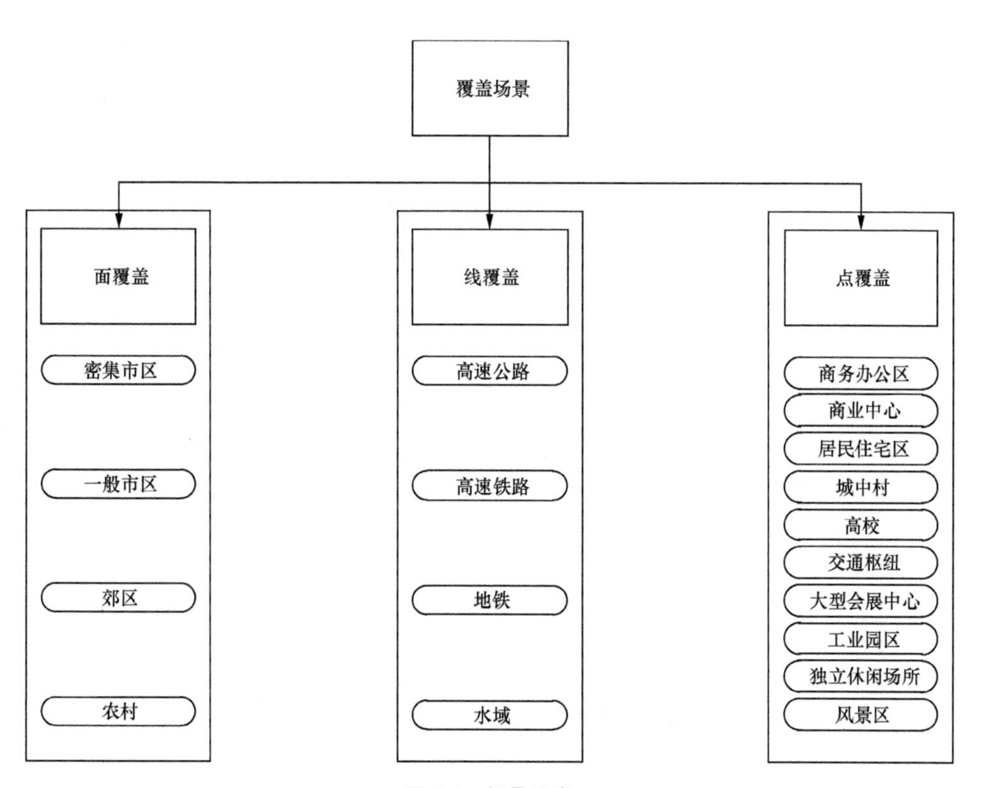

图 4-1 场景分类

表 4-1 各场景特点

序号	细分场景类型	场景类型	场景特点
1	密集市区	面	(1)高楼林立，大多数建筑物高度在 30 m(10 层)以上； (2)运营商的高端客户较多，对数据业务需求量大，容量需求较高，站址获取困难
2	一般市区		(1)以居民楼为主，有零星商场、店铺等以及高层建筑，较密集； (2)用户话务量较高，站址获取困难
3	郊区		(1)以居民楼为主，建筑分布较为分散，平均高度低于 20 m； (2)用户密度较小，业务需求量较低
4	县乡镇		(1)沿街商铺较多，房屋多以 2 层为主，间或有 6 层以下楼房； (2)用户密度较高，业务量需求较郊区高
5	农村		(1)以自然村和行政村为主，楼层 3 层以下，用户密度小，分布广； (2)话务量较小

（续表）

序号	细分场景类型	场景类型	场景特点
6	高速铁路	线	（1）高速公路所经地形复杂多变，有平原、高山、树林、隧道等，还要穿过乡村和城镇，是典型的线状连续覆盖； （2）高速公路沿线的小区覆盖范围一般都比较大、用户密度低
7	高速公路、普铁、普通公路		（1）高速铁路场景与高速公路一样，属于典型的线状覆盖场景； （2）铁路沿线一般情况下话务量需求较低，而列车经过时话务量剧增，导致忙时话务量和闲时话务量差距明显，呈现强烈的波动趋势
8	地铁		（1）地铁站点属于封闭式结构，通常分为地下站、地面及高架站，地铁运行速度快，地铁里的人口密度大，人流主要分布在地铁站厅、站台候车区、车厢； （2）话务量及数据流量需求高，地铁里的人流特点是流动性大，随时间变化十分明显，在上、下班高峰期间人流量达到顶峰，这段时间也是话务高峰时期
9	商务办公区域 CBD	点	（1）建筑高度密集，且以高层及超高层建筑为主； （2）可选站址少，区域内白天人口密度很高，夜间人口密度变化很大，白天话务量及数据流量很高，潮汐现象较为明显
10	商业中心		（1）商铺多、纵深较大，受建筑阻挡，室外信号穿透能力差，店内多信号弱区、盲区； （2）人流量密集，话务量和数据流量需求很高，尤其是节假日达到话务高峰
11	居民住宅区		典型住宅区分为高层住宅区、小高层住宅区、老式居民小区及别墅区
12	城中村		（1）居住用地、工业用地、商业用地等相互交织，建筑物密集杂乱，楼间距往往只有 1～2 m，呈现出“一线天”状况。建筑物以 5～7 层楼房为主，低层弱覆盖现象比较普遍； （2）话务量需求较高
13	高校		（1）高校区域一般包括宿舍楼、图书馆、行政楼、教学楼、校园内的医院、食堂等室内环境，以及操场、小公园、校园主干道等室外环境，楼宇稀疏，且中低层为主； （2）高校内日间教学楼区域、晚间学生宿舍区域语音及数据业务均忙
14	交通枢纽		建筑结构以中低层为主，内部隔断少，空间大
15	大型会展中心		含室内型、室外型两种，以单体建筑中低层为主，面积大。场地部分空旷，办公区域隔断多，建筑结构复杂，穿透覆盖难度大
16	工业园区		（1）工业园区主要分为办公区、生产区、宿舍区以及室外区域； （2）生产空闲时间，语音业务需求及数据业务需求均较大

（续表）

序号	细分场景类型	场景类型	场景特点
17	独立休闲场所		独立休闲场所一般空间相对封闭，多采用钢筋混凝土框架，房间间隔主要为砖混结构体结构，建筑物阻挡严重，穿透损耗大
18	风景区		风景区分为重点风景区和非重点风景区：重点风景区分为旅游旺淡季，旺季话务流动性大，业务需求量高；非重点风景区人流量一般，话务量及数据流量需求一般，旅游旺季业务需求具备突发性

4.2　覆盖规划流程

5G 网络覆盖估算的目的是从覆盖和区域特性的角度，通过站间距估算所需基站的数目，覆盖估算的基本流程如图 4-2 所示。

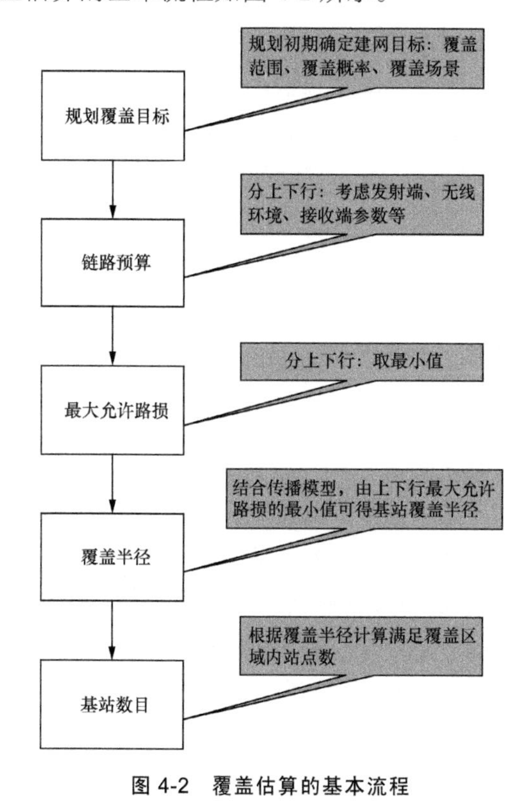

图 4-2　覆盖估算的基本流程

在规划初期确立建网目标时，先确定覆盖场景、目标区域覆盖范围等。链路预算部分则是根据覆盖目标的需求，结合不同的参数和场景计算出无线信号在空中传播时最大允许路径损耗（MAPL，Maximum Allowable Path Loss），并根据相应的传播模型估算出小区的覆盖半径。根据覆盖半径计算满足覆盖区域内的站点数。

4.3 链路预算分析

在创建链路预算工程之前，应先进行需求分析，分析建网区域的环境特征、建网目标、频谱信息等，然后设置设备、终端的相关参数等，最后整理出链路预算的结果，从而预估目标区域对应的站点数，具体流程如下。

（1）需求分析。

- 确定建网区域的环境特征，例如，密集市区/一般市区/郊区/农村，楼间距、街道宽度。
- 确定建网目标，例如，覆盖率、边缘速率、站间距。
- 确定频谱信息：带宽、中心频率。
- 确定目标覆盖区域：室内、室外。
- 确定终端信息：终端类型、安装高度。
- 确定基站信息：站型、最大发射功率、基站高度。

（2）创建链路预算工程。

- 设置设备、终端相关参数。
- 设置传播模型。
- 设置损耗、余量。
- 设置边缘速率、小区半径。

（3）整理链路预算结果。

- 预估建网规模：基于边缘速率可获得对应的小区半径，从而计算单小区的覆盖面积，预估目标区域对应的站点数。
- 目标区域的站点数=目标区域面积/单基站覆盖面积。

在下行传播中，信号由基站发射，最终被终端接收，在传播的链路上会被放大、衰减等，链路预算，会额外考虑一些余量，如图 4-3 所示。

（1）基于边缘速率，计算小区半径。

$$\text{小区半径}=f^{-1}\text{（路径损耗）}$$

其中，路径损耗=发射功率−接收机灵敏度+增益−衰减−余量。

（2）基于距离，计算吞吐率。

接收机 SINR=发射功率+增益−路径损耗−衰减−余量−噪声

其中，路径损耗=f（距离）。

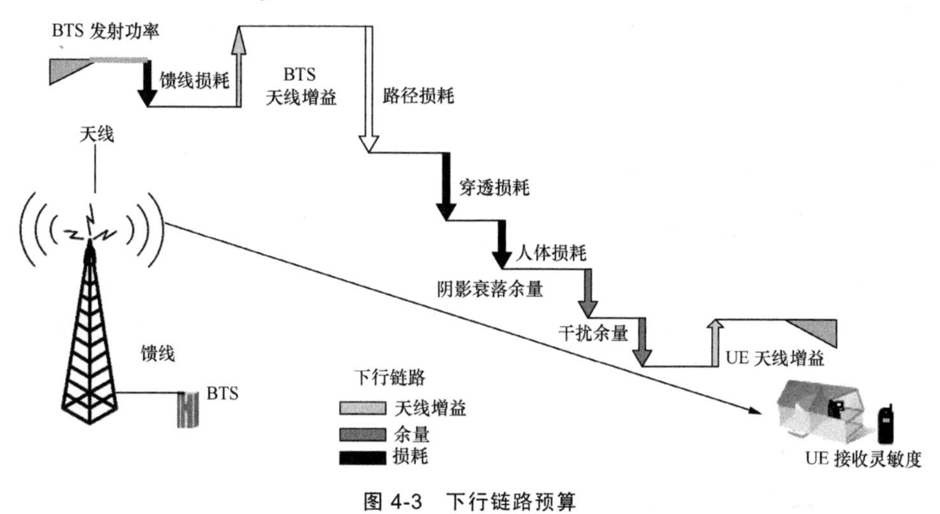

图 4-3　下行链路预算

在上行传播中，信号由终端发射，最终被基站接收，在传播的链路上会被放大、衰减等，链路预算会额外考虑一些余量，如图 4-4 所示。

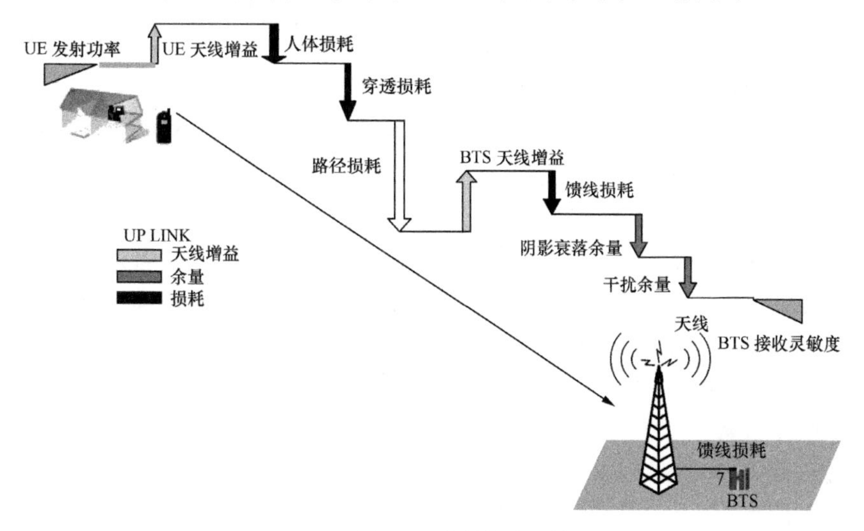

图 4-4　上行链路预算

（1）基于边缘速率，计算小区半径。

$$小区半径=f^{-1}（路径损耗）$$

其中，路径损耗=发射功率−接收机灵敏度+增益−衰减−余量。

（2）基于距离，计算吞吐率。

接收机 SINR=发射功率+增益−路径损耗−衰减−余量−噪声

其中，路径损耗=f（距离）。

链路预算的关键项是为得到最大允许路径损耗应考虑的各项关键参数，包括有效发射功率、接收机灵敏度、穿透损耗、衰落余量、其他增益等。

4.3.1 有效发射功率

有效发射功率（EIRP，Effective Isotropic Radiated Power）是指考虑天线增益、馈线损耗后从天线端发射出去的功率。

有效发射功率（dBm）=信道发射功率（dBm）+天线增益（dBi）−馈线损耗（dB）。

5G AAU 形态无外接天线馈线损耗，RRU 形态天线外接存在馈线损耗。

4.3.2 接收机灵敏度

接收机灵敏度为接收机可以收到并仍能正常工作的最低信号强度。接收机灵敏度与很多因素有关，如噪声系数、信号带宽、解调信噪比等，一般来说灵敏度越高（数值越低），其接收微弱信号的能力越强，但也带来容易被干扰的弱点，对于接收机来说，灵敏度只要能满足使用要求即可。

一般地，接收机灵敏度计算公式为：$-174+NF+10\lg B+10\lg SNR$ （NF 为噪声系数、B 为信号带宽、SNR 为解调信噪比损耗）。

（1）热噪声功率谱密度。

热噪声功率谱密度=$K\times T$=1.38×10^{-20} mW/（K · Hz^{-1}）×290 K= −174 dBm/Hz

K 是波尔兹曼常数，K=1.38×10^{-20} mW/（K · Hz^{-1}）；T 是标准噪声温度，T=290 K。灵敏度与温度有关，−174 dBm/Hz 是指在常温 25℃时的热噪声。高温时热噪声会加大，导致灵敏度变差；反之，低温时热噪声会减小，导致灵敏度变好。

（2）噪声系数。

接收机的噪声系数（NF，Noise Figure）是指接收机输入端的信噪比与输出端的信噪比之比。

假设 S_{in} 为输入信号功率，N_{in} 为输入噪声；S_{out} 为输出信号功率，N_{out} 为输出噪声，则 NF=（S_{in}/N_{in}）/（S_{out}/N_{out}）。

理想接收机输出信噪比和输入信噪比相等，即无噪声，NF=0 dB。实际的接收机都是有噪声的，输出端的信噪比会低于输入端的信噪比，因此，*NF* 为正数。一般地，基站接收机的信噪比系数典型值为 2 ~ 5 dB。终端接收机的信噪系数典型值为 7 dB。

（3）信道带宽。

5G 系统的载波带宽为 5 ~ 400 MHz 可变，子载波间隔为 15 kHz、30 kHz、60 kHz、120 kHz、240 kHz，而实际每个信道传输中占用的带宽往往只是其中的一部分，因此，针对每个信道的不同资源配置，信道的底噪功率也不同。

结合上述 3 个参数，假设终端噪声系数取 7 dB，子载波带宽取 30 kHz，需求 SINR 为−7.5 dB，则可得出接收机灵敏度为−118.94 dBm。

4.3.3　损耗

1. 穿透损耗

在建网初期，室内覆盖以室外宏站覆盖为主，这就要求链路预算中考虑穿透损耗。链路预算需要估计足够的穿透损耗余量值，过小的穿透损耗余量无法达到满意的室内覆盖效果，过多的穿透损耗余量会增加室外站的密度，造成对其他小区的干扰，因此，合理地选择建筑物的穿透损耗，对网络规划有重要的意义。

3GPP TR 38.900 定义的不同材质的穿透损耗如表 4-2 所示。

表 4-2　不同材质的穿透损耗

材料	穿透损耗（dB）
标准多窗格玻璃	$L_{glass}=2+0.2f$
IIR 玻璃	$L_{IIRglass}=23+0.3f$
水泥	$L_{concrete}=5+4f$
木板	$L_{wood}=4.85+0.12f$

注：f 为信号频率，单位为 GHz。

各材料分别对应不同频段的穿透损耗，如图 4-5 所示。

由表 4-2 可知，不同的材质对应不同的穿透损耗；频段越高，穿透损耗越大。

各频段穿透损耗取值，如表 4-3 所示。

在密集城区场景，涂层玻璃、混凝土材质的建筑物相对较多，从而对应着较大的穿透损耗。在其他场景，上述建筑物的比重逐渐减少。

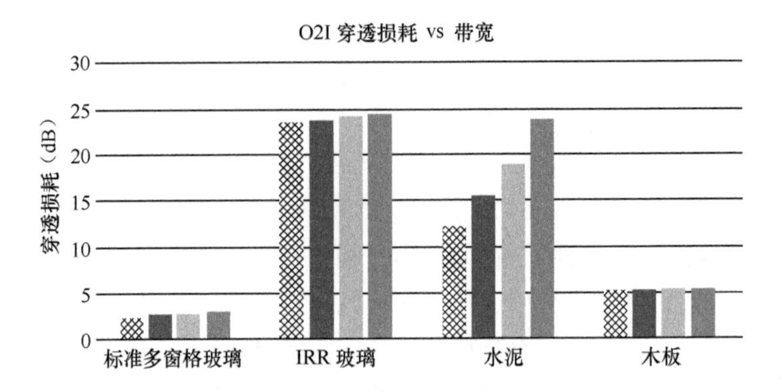

图 4-5　各种材料不同频段穿透损耗

表 4-3　穿透损耗取值

穿透损耗（dB）						
频段（GHz）	低损耗	高损耗	密集城区	一般城区	郊区	乡镇
3.5	12	26	26	22	18	14
4.5	13	28	28	24	20	16
28	18	38	38	34	30	26

2. 植被损耗

无线信号穿过植被，会被植被吸收或者散射，从而造成信号衰减。信号穿过的植被越厚、无线信号频率越高，则衰减越大。且不同类型的植被，造成的衰减不同。

（1）NLOS（非视距）场景。

信号通过多个路径到达接收端，植被仅遮挡了部分路径的信号，所以，总的能量损失较少。NLOS 场景可以不考虑植被损耗。

（2）LOS（视距）场景。

信号主要通过 LOS 径到达接收端，若 LOS 径被植被遮挡，则能量损失会相对较大。所以，LOS 径场景，建议考虑植被损耗。

植被损耗参考经验值如表 4-4 所示。

表 4-4　植被损耗取值

频段（GHz）	植被损耗（dB）
3.5	12
28	17

3. **人体损耗**

人体损耗包括两种类型。

（1）近端损耗：使用穿戴设备、手持设备时，人体造成的损耗。

（2）遮挡损耗：终端附近有行人，且行人遮挡信号造成的损耗。通常 LOS 场景的损耗较大，NLOS 场景的损耗较小。

- NLOS 场景，信号通过多个路径到达接收端，人体仅遮挡了部分路径的信号，所以，总的能量损失较少。
- LOS 场景，信号主要通过 LOS 径到达接收端，若 LOS 径被人体遮挡，则能量损失会相对较大。

当终端位置相对较低，且目标场景的人流量极大时，可以适当考虑人体遮挡损耗，人体损耗取值如表 4-5 所示。

表 4-5　人体损耗取值

频段（GHz）	LOS（dB）	NLOS（dB）
3.5	6	3
28	15	8

4.3.4　余量

1. **阴影衰落余量**

直接基于传播模型估计的小区半径，仅能保证边缘 50%的用户达到预期覆盖。但是，50%的覆盖率是远远达不到建网要求的。为了保证大多数用户满足预期覆盖，需要预留一定的余量，这个余量就是阴影衰落余量。

阴影衰落是由发射机和接收机之间的障碍物造成的，这些障碍物会以吸收、反射、散射和绕射等方式来衰减信号功率，甚至阻断信号。阴影衰落的形成是由于电磁波受到大气、温度、气候、地形及地物的影响，表现为信号场强特征曲线的中值慢速起伏变化，符合对数正态分布。

（1）阴影衰落余量与边缘覆盖概率。

在阴影衰落余量为零均值正态分布的假设条件下，边缘覆盖概率与阴影衰落（变量）的标准差有确切的对应关系。

阴影衰落余量 $M_s = NORMSINV$（边缘覆盖率）× 阴影衰落标准差

由标准正态分布的累计概率可得表 4-6，因此，在阴影衰落标准差为 8 dB 时（城区户外环境典型值），要保证 75%的边缘覆盖率，就需要预留 5.4 dB≈

0.675 × 8 dB 的阴影衰落余量。

表 4-6　阴影衰落余量与边缘覆盖概率

阴影衰落余量（dB）	边缘覆盖概率
0	50%
0.13σ	55%
0.25σ	60%
0.39σ	65%
0.52σ	70%
0.675σ	75%
0.84σ	80%
1.04σ	85%
1.28σ	90%

（2）边缘覆盖率与面积覆盖率。

在理想情况下，边缘覆盖率与面积覆盖率在一定假设条件下存在数量对应关系，工程上已经有了可供查找的图表，但这种对应必须是在 σ/n（σ 为阴影衰落标准差，n 为路径损耗指数）确定的前提下，当阴影衰落方差 σ 取 8 dB，σ/n 从 0 到 8，边缘覆盖率取 50%～95%不等，利用 Matlab 计算出边缘覆盖率与面积覆盖率的关系，如图 4-6 所示。

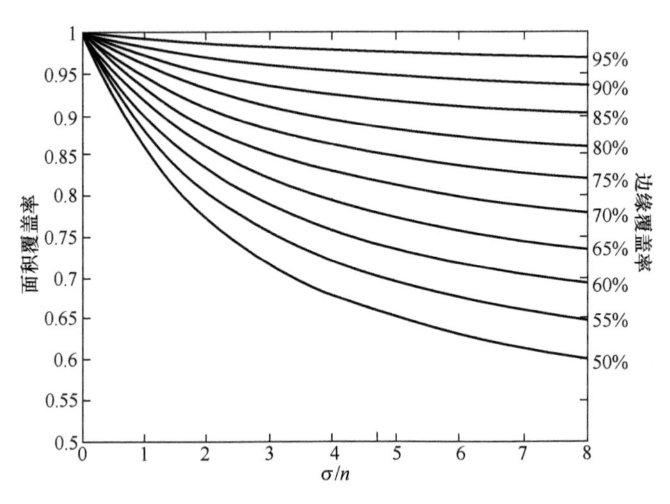

图 4-6　边缘覆盖率与面积覆盖率的关系

常用的几组边缘覆盖率与面积覆盖率如表 4-7 所示。

表 4-7　常用的边缘覆盖率与面覆盖率的关系

正态衰落方差	路损指数	边缘覆盖率	面积覆盖率
8	3.52	50%	75.53%
8	3.52	75%	89.93%
8	3.52	85%	94.50%
8	2	75%	86.20%
8	4	75%	90.73%
9	3	50%	71.70%

2. 干扰余量

虽然链路预算仅涉及单个小区、单个终端，但实际网络是由多个基站组成，因此，网络中存在干扰，包括下行干扰和上行干扰，如图 4-7 所示。

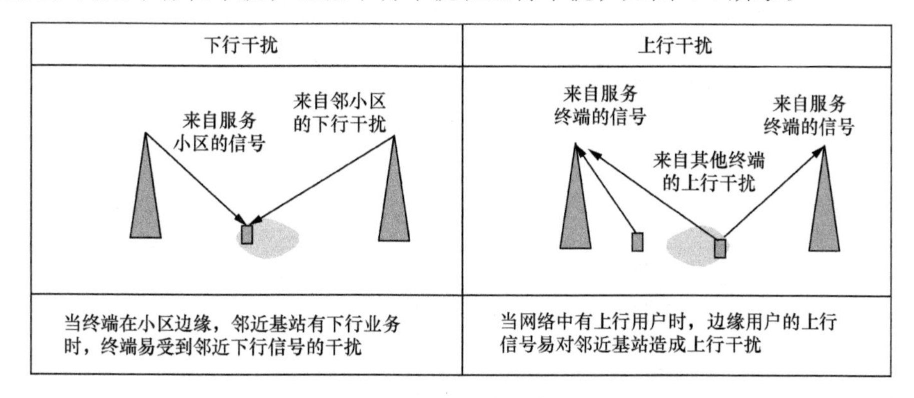

图 4-7　上下行干扰

为了对抗系统中可能存在的干扰，链路预算考虑了干扰余量，表示“干扰信号+背景噪声”相对于“背景噪声”的提升，$IM=(1+N)/N$。

5G 系统的干扰余量，与诸多因素有关：

（1）同一场景，站间距越小，干扰余量越大；

（2）网络负载越高，干扰余量越大；

（3）下行干扰余量与终端位置有关，若终端在室内，则下行干扰余量相对较小；

（4）上行干扰余量与终端位置无关。

3. 雨衰余量

无线信号经过降雨区，能量会被雨滴吸收或散射，从而导致信号衰减。降雨量越大，则衰减越剧烈；传输距离越长，则衰减越严重；无线信号频率越高，则衰减越快。

若无线信号为毫米波（mmWave）频段，且目标区域降雨丰富，则需要按照预期的保持率（99%～99.99%）预留一定的雨衰余量。

表 4-8 为部分国家针对不同的预期业务保持率、不同站间距情况，需要考虑的雨衰余量。

表 4-8 28 GHz 雨衰余量

28 GHz 雨衰余量							
国家		加拿大			韩国	澳大利亚	
雨区		E	B	C	K	E	F
0.01%降雨率（mm/h）		22	12	15	42	22	28
99.99%保持率，需考虑的雨衰余量（dB）	*ISD*=300 m	2.6	1.5	1.9	4.4	2.6	3.1
	ISD=500 m	3.2	1.9	2.3	5.5	3.2	3.9
	ISD=1 000 m	4.4	2.7	3.2	7.6	4.4	5.4
	ISD=1 500 m	5.3	3.3	3.9	9.3	5.3	6.6
	ISD=2 000 m	6.3	3.8	4.6	10.8	6.3	7.7
	ISD=3 000 m	7.9	4.8	5.7	13.4	7.9	9.6
99.9%保持率，需考虑的雨衰余量（dB）	*ISD*=300 m	1	0.6	0.7	1.7	1	1.2
	ISD=500 m	1.2	0.7	0.9	2.1	1.2	1.5
	ISD=1 000 m	1.7	1	1.2	2.9	1.7	2.1
	ISD=1 500 m	2.1	1.2	1.5	3.5	2.1	2.5
	ISD=2 000 m	2.4	1.4	1.7	4.1	2.4	2.9
	ISD=3 000 m	3	1.8	2.2	5.1	3	3.6
99%保持率，需考虑的雨衰余量（dB）	*ISD*=300 m	0.3	0.2	0.2	0.5	0.3	0.3
	ISD=500 m	0.3	0.2	0.2	0.6	0.3	0.4
	ISD=1 000 m	0.5	0.3	0.3	0.8	0.5	0.6
	ISD=1 500 m	0.6	0.3	0.4	1	0.6	0.7
	ISD=2 000 m	0.7	0.4	0.5	1.1	0.7	0.8
	ISD=3 000 m	0.8	0.5	0.6	1.4	0.8	1

注：*ISD* 表示站间距。

4.3.5 典型链路预算

在 100 MHz 带宽、下行 64T64R 天线配置下，不同的时隙比、不同的上行天线配置的链路预算分别如表 4-9 所示。

表 4-9 典型链路预算表

5G 链路预算-业务信道	DL	UL	DL	UL	DL	UL
系统配置	Config 1（3:1）		Config 1（7:3）		Config 1（7:3）	

（续表）

5G 链路预算-业务信道	DL	UL	DL	UL	DL	UL
边缘速率（Mbit/s）	10	1	68	1	68	1
信道带宽（MHz）	100	100	100	100	100	100
子载波带宽（kHz）	30	30	30	30	30	30
总 RB 数	273	273	273	273	273	273
基站天线收发模式	64T64R	64T64R	64T64R	64T64R	64T64R	64T64R
终端天线收发模式	2T4R	2T2R	2T4R	2T4R	2T4R	2T4R
MIMO 流数	*N*	*N*	*N*	*N*	*N*	*N*
使用 RB 数	272	40	273	48	273	48
发射						
基站发射功率（dBm）	53		53		53	
终端发射功率（dBm）		26		26		26
基站天线增益（dBi）	24	24	25	25	25	25
终端天线增益（dBi）						
馈线损耗（dB）						
发射 EIRP（dBm）	77	26	78	26	78	26
每 RB 的发射功率（dBm）	28.65	9.98	28.64	9.19	28.64	9.19
每 RB 的 EIRP（dBm）	52.65	9.98	53.64	9.19	53.64	9.19
接收						
热噪声功率谱密度（dBm/Hz）	−174	−174	−174	−174	−174	−174
RB 噪声功率（dB/Hz）	55.56	55.56	55.56	55.56	55.56	55.56
基站噪声系数（dB）		3.5		3.5		3.5
终端噪声系数	7		7		7	
热噪声功率（dBm）	−111.44	−114.94	−111.44	−114.94	−111.44	−114.94
干扰余量（dB）	8	3	17.8	3	17.8	3
植被损耗（dB）						
切换增益（dB）						
人体穿透损耗（dB）						
馈线损耗（dB）						
需求 SINR（dB）	−7.5	−2.2	−2.9	−4	−2.9	−4

（续表）

5G 链路预算-业务信道	DL	UL	DL	UL	DL	UL
终端灵敏度（dBm）	−118.94		−114.34		−114.34	
基站灵敏度（dBm）		−117.14		−118.94		−118.94
额外损耗						
穿透损耗（dB）	26	26	22	22	25	25
慢衰落标准差（dB）						
阴影衰落余量（dB）	9	9	8.7	8.7	8.7	8.7
最大允许路径损耗（dB）	128.59	113.12	119.48	119.42	116.48	116.42

4.3.6 5G NR 链路预算与 4G 链路预算差异

5G NR 链路预算的基本原理类似于传统制式的链路预算，但是，5G NR 的链路预算参数取值与 4G 存在差异，如表 4-10 所示。

表 4-10 5G 与 4G 链路预算差异

链路影响因素	LTE 链路预算	5G NR 链路预算-C-band
馈线损耗	RRU 形态，天线外接存在馈线损耗	AAU 形态无外接天线馈线损耗； RRU 形态天线外接存在馈线损耗
基站天线增益	单个物理天线仅关联单个 TRX，单个 TRX 天线增益即为物理天线增益	大规模 MIMO 天线阵列，阵列关联多个 TRX，单个 TRX 对应多个物理天线，链路预算中的天线增益仅为单个 TRX 代表的天线增益； 天线增益=单个 TRX 天线增益+BF 增益，BF 增益体现在解调门限
传播模型	Cost231-Hata	36.873 Uma/Rma/38.901Umi
穿透损耗	相对较小	更高频段，更高穿损
干扰余量	相对较大	大规模 MIMO 波束天然带有干扰规避效果，干扰较小
人体遮挡损耗	N/A	更高频段，更高人体损耗
雨衰	N/A	雨量丰富、降雨频繁的区域，在站间距较大的场景，毫米波需要考虑雨衰
树衰	N/A	植被茂密区域，LOS 场景建议考虑

5G NR 系统中控制信道和业务信道都采用波束赋形的方式发送。在控制信道方面，4G LTE 采用全向波束而 5G 系统采用波束扫描。若合理安排扫描方案，错开不同小区的控制信道波束，预期小区间控制信道干扰能够得到有效降低；在业务信道方面，4G LTE 采用 8 通道波束赋形而 5G 系统采用 64TR 的“3D”

波束赋形，赋形更精准，对小区间业务信道干扰规避的效果应更优。因此，5G NR 链路预算中采用的上下行干扰余量比 4G LTE 系统低 2 dB，真实组网环境下的实际表现有待后续验证。

4.4　传播模型

无线传播模型是描述无线电波在介质中传播特性的数学模型，在规划设计无线蜂窝系统时，使用无线传播模型可以精确模拟未来的网络覆盖，为网络规划提供验证的基础。同时一个相对准确的传播模型结合链路预算结果可以估算基站小区半径，为无线网络规划提供重要的依据。

无线传播模型按照来源性质可分为经验模型、半经验模型和确定性模型：经验模型是根据大量的测试结果统计分析后导出的公式，常用的经验模型包括 Okumura-Hata 模型、COST231-Hata 模型及室内传播模型；半经验模型是在经验模型的基础上，基于大量测试数据的统计模型，常用的半经验模型包括标准宏蜂窝模型（Standard Macrocell Model）和标准传播模型（SPM，Standard Propagation Model）；确定性模型是直接应用电磁场理论计算出来的传播模型，射线跟踪模型是一种确定性模型，常用的射线跟踪模型包括 CrossWave 模型、Volcano 模型及 MYRIAD 模型。

由于 Okumura-Hata、COST231-Hata 模型适用频段均小于 2 GHz，而 5G 主要频段在 3.3 GHz 以上，Okumura-Hata、COST231-Hata 模型已经不能适用 5G 高频段，3GPP TR 36.873 定义了 3D 传播模型，支持频率范围为 0.5 ~ 6 GHz，分为 3 种模型：Uma、Rma 和 Umi。因此，本节主要介绍 SPM 模型、射线跟踪模型及 3D 传播模型。

4.4.1　SPM 模型

标准传播模型是以 Hata 公式为基础的传播模型，应用频率在 150 ~ 3 500 MHz 之间，适用小区半径为 1 ~ 20 km 的宏蜂窝系统。

SPM 模型公式为

$$L_{\mathrm{p}} = K_1 + K_2 \cdot \log_{10} d + K_3 \cdot \log_{10} h_{\mathrm{BS}} + K_4 \cdot L_{\mathrm{Diffraction}} + K_5 \cdot \log_{10} d \cdot \log_{10} h_{\mathrm{BS}} + K_6 \cdot H_{\mathrm{RX_{eff}}} + K_7 \cdot \log_{10}\left(H_{\mathrm{RX_{eff}}}\right) + K_{\mathrm{clutter}} \times f\left(clutter\right)$$

其中，

K_1：偏移常量（dB）。

K_2：$\log_{10}d$ 的乘积因子。

d：接收机和发射机之间的距离（m）。

K_3：log（h_{BS}）的乘积因子。

h_{BS}：h_{BS} 发射机天线的有效高度（m）。

K_4：衍射计算的乘积因子。K_4 必须是正值。

$L_{Diffraction}$：遇到障碍物衍射引起的损耗（dB）。

K_5：$\log_{10}h_{BS}\log_{10}d$ 的乘积因子。

K_6：$H_{RX_{eff}}$ 的乘积因子。

K_7：$\log_{10}\left(H_{RX_{eff}}\right)$的乘积因子。

$H_{RX_{eff}}$：有效的手机天线高度（m）。

$K_{cluster}$：f（*clutter*）的乘积因子。

f（*clutter*）：地貌引起的加权平均损耗。

通过使用测试工具，完成 CW 测试，可以校准 SPM 模型。

4.4.2 射线跟踪模型

1. 射线跟踪技术的主要思想

射线跟踪模型是一种确定性模型，该模型可以模拟电磁波传播过程中的直射、反射和绕射过程，跟踪所有从基站发射出来的射线，从而辨认出多径信号中发射机和接收机之间所有可能的射线路径。一旦所有路径辨认出来，就可以根据相关电波传播理论计算出每条射线的相位、幅度、延迟和极化，然后结合天线图和系统带宽，计算出接收机位置处所有射线的相干合成结果。

射线跟踪技术的主要思想是将天线理想化为一源点，大量电磁波射线由该源点均匀地辐射出去，然后由电子计算机程序追踪各条射线的路径。源射线在传播过程中，先利用计算机程序的算法判断是否有视距路径，若没有检测到源射线与建筑物相交，则直接计算接收场并跟踪另一条射线；如果检测到有相交的情况，则源射线被程序分解为折射射线和反射射线，这两条射线都从源射线与建筑物体的交点发射出去，接着用类似源射线的处理方法来处理这些射线，即判断折射射线和反射射线在到达接收点前是否与建筑物相交。对计算过程中产生的新的绕射射线，可以利用绕射理论将其加入总场计算中。射线强度随着传播距离的增加而衰减，计算过程则持续到射线强度下降到门限以下或无相交时为止。

2. 射线轨迹算法原理

射线跟踪技术采用特定的算法计算射线的轨迹，常用的两类算法是正向射线跟踪法和反向射线跟踪法。正向射线跟踪法，即测试射线法，是指从源点（基站等）出发，向周围的球面空间均匀发射出大量的射线，并跟踪所有射线的方法。为了确认每一条射线是否到达接收点，需要引入接收球的概念：接收球设置合理的半径才能够有效捕捉到源点散开的射线。如果接收球半径太大，将会有超过一条的射线被接收点错误接收；如果接收球半径太小，则有些接收点接收不到射线。测试射线法将所有到达接收机的射线进行相干叠加，计算出接收点的场强，正向射线跟踪法流程如图 4-8 所示。

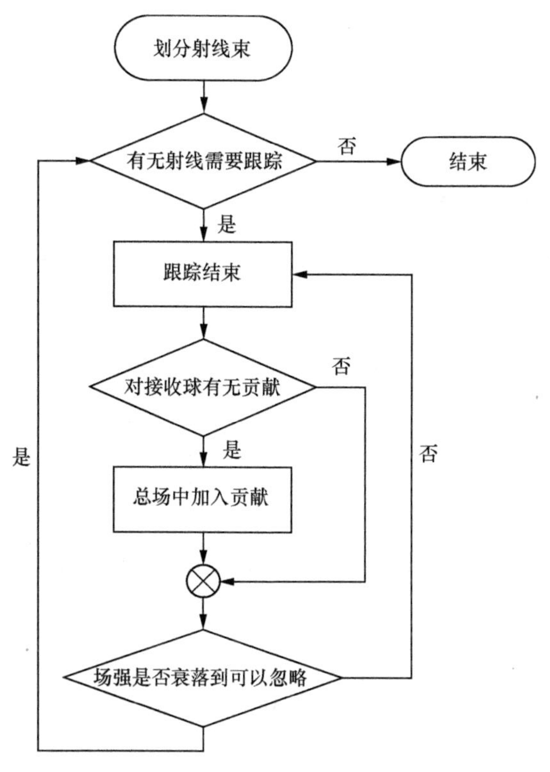

图 4-8　正向射线跟踪法流程

反向射线跟踪法，也就是镜像法，是基于反射定律、折射定律和解析几何理论的点对点跟踪技术，即从场点（接收机）出发，反向跟踪每一条可能从发射点到接收点的路径。一般情况下，跟踪所有能从源点（发射机）到达场点（接收机）的路径是不可能的。考虑到电磁波传播过程中场的衰减，可以忽略那些到达接收机时幅度很小的传播路径。对于室外接收机而言，可以忽略透射进入建筑物内部的射线，只需考虑直射、反射和绕射。

正向射线跟踪法流程简单、计算快速有效，适用于仅需要信号覆盖预测的研究目标；反向射线跟踪法流程复杂但精确度高，适用于需要分析无线通信信道特性及需要计算相关相位和极化信息的研究目标。

3. 射线跟踪模型应用

工程中使用较多的射线跟踪模型是由 Orange Labs 实验室开发、由 Forsk 公司公布和支持的 Crosswave 模型，作为仿真工具 Atoll 中的一个可选的高级传播模型。Crosswave 作为一个通用的传播模型，支持所有的无线技术：GSM、UMTS、CDMA2000、WiMAX、LTE、5G 等，支持 200 MHz ~ 5 GHz 范围内的频段。Crosswave 支持所有的小区类型，从微蜂窝小区、迷你蜂窝小区到宏蜂窝小区等。Crosswave 支持任何类型的传播环境：密集市区、一般市区、郊区、农村等。利用 CW 测试数据，Crosswave 可以进行任何传播环境的模型校正。

4.4.3 3D 传播模型

3GPP TR 36.873 定义了 3D 传播模型，支持的频率范围为 0.5 ~ 6 GHz，分为 3 种模型：Uma、Rma 和 Umi，各自的适用场景如表 4-11 所示。

表 4-11 3GPP O2O 传播模型使用场景

传播模型	应用场景
Uma	密集市区/市区/郊区宏基站
Rma	农村宏基站
Umi	密集市区/市区微基站

（1）Uma 模型。

Uma 模型是 3GPP 协议中定义的一种适合于高频的传播模型，适用频率在 0.8 ~ 100 GHz，适用小区半径为 10 ~ 5 000 m 的宏蜂窝系统。

3GPP 协议 36.873 和 38.900 均对 Uma 进行了定义，3GPP 36.873 的定义如表 4-12 所示。

表 4-12 3GPP 36.873 Uma 模型

场景	LOS/NLOS	路径损耗（dB），频率 f_c（GHz），距离 d（m）	阴影衰落标准差（dB）	应用范围，天线高度缺省值
3D-Uma	LOS	$PL = 22.0\log_{10}(d_{3D}) + 28.0 + 20\log_{10}(f_c)$ $PL = 40\log_{10}(d_{3D})+28.0+20\log_{10}(f_c)-9\log_{10}[(d'_{BP})^2+(h_{BS}-h_{UT})^2]$	$\sigma_{SF} = 4$ $\sigma_{SF} = 4$	$10\ m < d_{2D} < d'_{BP}$ $d'_{BP} < d_{2D} < 5\ 000\ m$ $h_{BS} = 25\ m$ $1.5\ m \leqslant h_{UT} \leqslant 22.5\ m$

（续表）

场景	LOS/NLOS	路径损耗（dB），频率 f_c（GHz），距离 d（m）	阴影衰落标准差（dB）	应用范围，天线高度缺省值
3D-Uma	NLOS	$PL = \max(PL_{3D\text{-}Uma\text{-}NLOS}, PL_{3D\text{-}Uma\text{-}LOS})$ $PL_{3D\text{-}Uma\text{-}NLOS} = 161.04 - 7.1\log_{10}(W) + 7.5\log_{10}(h) - [24.37 - 3.7(h/h_{BS})^2]\log_{10}(h_{BS}) + [43.42 - 3.1\log_{10}(h_{BS})][\log_{10}(d_{3D}) - 3] + 20\log_{10}(f_c) - [3.2(\log_{10}(17.625))^2 - 4.97] - 0.6(h_{UT} - 1.5)$	$\sigma_{SF} = 6$	$10\text{ m} < d_{2D} < 5\,000\text{ m}$ $5\text{ m} < h < 50\text{ m}$ $5\text{ m} < W < 50\text{ m}$ $10\text{ m} < h_{BS} < 150\text{ m}$ $1.5\text{ m} \leqslant h_{UT} \leqslant 22.5\text{ m}$

在3GPP 38.900中，Uma模型针对3GPP TR36.873中的Uma模型进行了简化，其定义如表4-13所示。

表4-13　3GPP 38.900 Uma模型

场景	LOS/NLOS	路径损耗（dB），频率 f_c（GHz），距离 d（m）	阴影衰落标准差（dB）	应用范围，天线高度缺省值
Uma	LOS	$PL_{Uma\text{-}LOS} = \begin{cases} PL_1 & 10\text{ m} \leqslant d_{2D} \leqslant d'_{BP} \\ PL_2 & d'_{BP} \leqslant d_{2D} \leqslant 5\text{ km} \end{cases}$ $PL_1 = 32.4 + 20\log_{10}(d_{3D}) + 20\log_{10}(f_c)$ $PL_2 = 32.4 + 40\log_{10}(d_{3D}) + 20\log_{10}(f_c) - 10\log_{10}[(d'_{BP})^2 + (h_{BS} - h_{UT})^2]$	$\sigma_{SF} = 4$	$1.5\text{ m} \leqslant h_{UT} \leqslant 22.5\text{ m}$ $h_{BS} = 25\text{ m}$
	NLOS	$PL_{Uma\text{-}NLOS} = \max(PL_{Uma\text{-}LOS}, PL'_{Uma\text{-}NLOS})$ 对于 $10\text{ m} \leqslant d_{2D} \leqslant 5\text{ km}$ $PL'_{Uma\text{-}NLOS} = 13.54 + 39.08\log_{10}(d_{3D}) + 20\log_{10}(f_c) - 0.6(h_{UT} - 1.5)$	$\sigma_{SF} = 6$	$1.5\text{ m} \leqslant h_{UT} \leqslant 22.5\text{ m}$ $h_{BS} = 25\text{ m}$
		可选的 $PL = 32.4 + 20\log_{10}(f_c) + 30\log_{10}(d_{3D})$	$\sigma_{SF} = 7.8$	

在3GPP 38.900中，Uma模型与平均建筑物高度 W、平均街道宽度 h 无关，仅与使用频率、接收天线高度、天线间距离有关，适用于天线挂高为25 m的场景。

（2）Rma模型。

Rma主要用于宏站组网的农村场景。3GPP 36.873的定义如表4-14所示。

表4-14　3GPP 36.873 Rma模型

场景	LOS/NLOS	路径损耗（dB），频率 f_c（GHz），距离 d（m）	阴影衰落标准差（dB）	应用范围，天线高度缺省值
3D-Rma	LOS	$PL_1 = 20\log_{10}(40\pi d_{3D} f_c/3) + \min(0.03h^{1.72}, 10)\log_{10}(d_{3D}) - \min(0.044h^{1.72}, 14.77) + 0.002\log_{10}(h)d_{3D}$ $PL_2 = PL_1(d_{BP}) + 40\log_{10}(d_{3D}/d_{BP})$	$\sigma_{SF} = 4$ $\sigma_{SF} = 4$	$10\text{ m} < d_{2D} < d'_{BP}$ $d'_{BP} < d_{2D} < 10\,000\text{ m}$ $h_{BS} = 35\text{ m}$, $1\text{ m} \leqslant h_{UT} \leqslant 10\text{ m}$

（续表）

场景	LOS/NLOS	路径损耗（dB），频率 f_c（GHz），距离 d（m）	阴影衰落标准差(dB)	应用范围，天线高度缺省值
3D-Rma	NLOS	$PL = 161.04 - 7.1\log_{10}(W) + 7.5\log_{10}(h) - [24.37 - 3.7(h/h_{BS})^2]\log_{10}(h_{BS}) + [43.42 - 3.1\log_{10}(h_{BS})][\log_{10}(d_{3D}) - 3] + 20\log_{10}(f_c) - [3.2(\log_{10}(11.75h_{UT}))^2 - 4.97]$	$\sigma_{SF} = 8$	$10\text{ m} < d_{2D} < 5\,000\text{ m}$ $5\text{ m} < h < 50\text{ m}$ $5\text{ m} < W < 50\text{ m}$ $10\text{ m} < h_{BS} < 150\text{ m}$ $1\text{ m} \leqslant h_{UT} \leqslant 10\text{ m}$

在 3GPP 38.900 中，Rma 模型的定义如表 4-15 所示。

表 4-15　3GPP 38.900 Rma 模型

场景	LOS/NLOS	路径损耗（dB），频率 f_c（GHz），距离 d（m）	阴影衰落标准差（dB）	应用范围，天线高度缺省值
Rma	LOS	$PL_{Rma\text{-}LOS} = \begin{cases} PL_1 & 10\text{ m} < d_{2D} \leqslant d_{BP} \\ PL_2 & d_{BP} \leqslant d_{2D} \leqslant 10\text{ km} \end{cases}$ $PL_1 = 20\log_{10}(40\pi d_{3D} f_c/3) + \min(0.03h^{1.72}, 10)\log_{10}(d_{3D}) - \min(0.044h^{1.72}, 14.77) + 0.002\log_{10}(h)d_{3D}$ $PL_2 = PL_1(d_{BP}) + 40\log_{10}(d_{3D}/d_{BP})$	$\sigma_{SF} = 4$ $\sigma_{SF} = 6$	$h_{BS} = 35\text{ m}$ $h_{UT} = 1.5\text{ m}$ $W = 20\text{ m}$ $h = 5\text{ m}$ h = avg. buildingheight W = avg. street width 适用性范围： $5\text{ m} \leqslant h \leqslant 50\text{ m}$ $5\text{ m} \leqslant W \leqslant 50\text{ m}$ $10\text{ m} \leqslant h_{BS} \leqslant 150\text{ m}$ $1\text{ m} \leqslant h_{UT} \leqslant 10\text{ m}$
	NLOS	$PL_{Rma\text{-}NLOS} = \max(PL_{Rma\text{-}LOS}, PL'_{Rma\text{-}NLOS})$ for $10\text{m} \leqslant d_{2D} \leqslant 5\text{km}$ $PL'_{Rma\text{-}NLOS} = 16104 - 7.1\log10(W) + 7.5\log_{10}(h) - [24.37 - 3.7(h/h_{BS})^2]\log_{10}(h_{BS}) + [43.42 - 3.1\log_{10}(h_{BS})][\log_{10}(d_{3D}) - 3] + 20\log_{10}(f_c) - [3.2(\log_{10}(11.75h_{UT}))^2 - 4.97]$	$\sigma_{SF} = 8$	

（3）Umi 模型。

Umi 主要应用于小站组网的密集市区/市区场景。3GPP 36.873 的定义如表 4-16 所示。

表 4-16　3GPP 36.873 Umi 模型

场景	LOS/NLOS	路径损耗（dB），频率 f_c（GHz），距离 d（m）	阴影衰落标准差(dB)	应用范围，天线高度缺省值
3D-Umi	LOS	$PL = 22.0\log_{10}(d_{3D}) + 28.0 + 20\log_{10}(f_c)$ $PL = 40\log_{10}(d_{3D}) + 28.0 + 20\log_{10}(f_c) - 9\log_{10}[(d'_{BP})^2 + (h_{BS} - h_{UT})^2]$	$\sigma_{SF} = 3$ $\sigma_{SF} = 3$	$10 < d_{2D} < d'_{BP}$ $d'_{BP} < d_{2D} < 5\,000\text{ m}$ $h_{BS} = 10\text{ m}$ $1.5\text{ m} \leqslant h_{UT} \leqslant 22.5\text{ m}$
	NLOS	For hexagonal cell layout: $PL = max(PL_{3D\text{-}Umi\text{-}NLOS}, PL_{3D\text{-}Umi\text{-}LOS})$ $PL_{3D\text{-}Umi\text{-}NLOS} = 36.7\log_{10}(d_{3D}) + 22.7 + 26\log_{10}(f_c) - 0.3(h_{UT} - 1.5)$	$\sigma_{SF} = 4$	$10\text{ m} < d_{2D} < 2\,000\text{ m}$ $h_{BS} = 10\text{ m}$ $1.5\text{ m} \leqslant h_{UT} \leqslant 22.5\text{ m}$

在 3GPP 38.900 中，Umi 模型的定义如表 4-17 所示。

表 4-17　3GPP 38.900 Umi 模型

场景	LOS/NLOS	路径损耗（dB），频率 f_c（GHz），距离 d（m）	阴影衰落标准差（dB）	应用范围，天线高度缺省值
Umi-Street Canyon	LOS	$PL_{\text{Rma-LOS}}=\begin{cases}PL_1 & 10\text{ m}<d_{2D}\leqslant d'_{BP}\\ PL_2 & d'_{BP}\leqslant d_{2D}\leqslant 5\text{ km}\end{cases}$ $PL_1=32.4+21\log_{10}(d_{3D})+20\log_{10}(f_c)$ $PL_1=32.4+40\log_{10}(d_{3D})+20\log_{10}(f_c)-9.5\log_{10}[(d'_{BP})^2+(h_{BS}-h_{UT})^2]$	$\sigma_{SF}=4$	$1.5\text{ m}\leqslant h_{UT}\leqslant 22.5\text{ m}$ $h_{BS}=10\text{ m}$
	NLOS	$PL_{\text{Umi-NLOS}}=\max(PL_{\text{Umi-LOS}},PL'_{\text{Umi-NLOS}})$ $10\text{ m}\leqslant d_{2D}\leqslant 5\text{ km}$ $PL'_{\text{Umi-NLOS}}=35.3\log_{10}(d_{3D})+22.4+21.3\log_{10}(f_c)-0.3(h_{UT}-1.5)$	$\sigma_{SF}=7.82$	$1.5\text{ m}\leqslant h_{UT}\leqslant 22.5\text{ m}$ $h_{BS}=10\text{ m}$
		可选的 $PL=32.4+20\log_{10}(f_c)+31.9\log_{10}(d_{3D})$	$\sigma_{SF}=8.2$	

4.5　覆盖半径计算

由小区的最大允许路径损耗，结合不同区域的无线信号传播模型，就可以进行基站覆盖半径的估算。

经传播模型校正，某市 3.5 GHz SPM 模型公式如下

$$L_p=22.36+49.2\log_{10}d+5.83\log_{10}h_{BS}+0.2L_{\text{Diffraction}}-6.55\log_{10}d\cdot\log_{10}h_{BS}+K_{\text{clutter}}\times f(clutter)$$

结合仿真及路测结果，建议各区域 5G 基站站间距如表 4-18 所示。

表 4-18　典型站间距建议

覆盖场景	5G 站间距（m）	4G 现网站间距（m）
密集市区	200～250	300～500
一般市区	250～350	500～700
郊区	350～550	700～900

第5章 5G 容量规划

容量规划是通过计算满足一定话务需求所需要的无线资源数目，进而计算出所需要的载波配置、基站数目。容量估算的三要素：话务模型、无线资源、资源占用方式。也就是说，容量估算是在一定的话务模型下，按照一定的资源占用方式，求取无线资源占用数量的过程，以满足一定的容量能力指标。

5.1 容量规划流程

5G 业务三大场景分别为 eMBB、mMTC、uRLLC，各场景业务特征、覆盖场景、用户行为等相较于 4G 发生了很大的变化。根据 5G 协议制订的进度，现阶段 R15 标准主要针对 eMBB 业务场景，R16 版本标准会包含 mMTC、uRLLC 场景。但是容量规划的原理依然未发生较大变化，5G 容量规划流程如图 5-1 所示。

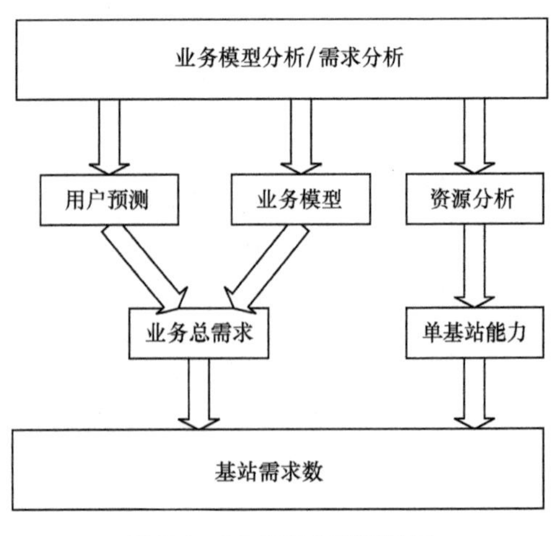

图 5-1　5G 容量规划流程图

5G 容量规划主要是完成两部分的核算：业务总需求与单基站能力。业务总需求为规划区域内用户的总业务需求（总吞吐量、总连接用户数、总激活用户数等）；单基站能力为单基站所能提供的容量（吞吐量、连接用户数、激活用户数等）。基站需求数为总业务需求与单基站能力相除的最大数量。同时考虑到实际网络中的话务分布不均衡等因素，需要对相应结果进行修正。

| 5.2　业务模型 |

业务模型是在对用户使用网络可提供的各种业务的频率、时长、承载速率进行统计的基础上得出的业务量模型。

4G 业务类型示例如表 5-1 所示，5G 网络承载的业务类型相较于 4G 更多，需要根据各网络承载的业务类型进行增减，同时，业务模型与各运营商的业务发展策略及网络建设情况、用户的使用习惯、用户的终端成熟情况等有很大关系，需要根据实际情况进行科学的统计、调整。

表 5-1　4G 业务类型示例

业务类型	BHSA	上行					下行				
		承载速率（kbit/s）	PPP 连接时长（s）	PPP 会话占空比	块差错率	每用户吞吐量（kbit/s）	承载速率（kbit/s）	PPP 连接时长（s）	PPP 会话占空比	块差错率	每用户吞吐量（kbit/s）
VoIP	1.4	26.9	80	0.4	5%	0.33	26.9	80	0.4	5%	0.33
视频电话	0.2	62.52	70	1	5%	0.24	62.52	70	1	5%	0.24
视频会议	0.2	62.52	1 800	1	5%	6.25	62.52	1 800	1	5%	6.25
实时游戏	0.2	31.26	1 800	0.2	5%	0.63	125.05	1 600	0.4	5%	4.45
视频流	0.2	31.26	1 200	0.05	5%	0.10	250.11	1 200	0.95	5%	15.84
网页浏览	0.6	62.52	1 800	0.05	5%	0.94	250.11	1 800	0.05	5%	3.75
文件传输	0.3	140.68	600	1	5%	7.03	750.33	600	1	5%	37.52
IM	0.4	342.72	50	0.6	3%	1.14	890.21	15	0.3	5%	0.45

根据 4G 模型示例，可以通过简单的数据相加计算出 4G 单用户业务需求量为 68.83 kbit/s。该方法仅通过数据相加计算，并未考虑各用户间的差异情况与

各业务之间的 QoS 要求，在实际容量核算中需要预留一定的余量。

5G eMBB 典型业务有视频通话及 VR 业务，在进行 5G 覆盖和容量规划时需要确定网络边缘速率或承载速率。

VoLTE 视频通话业务为上下行对称业务，上下行速率需求一致，在规划时主要满足上行业务需求；高清视频及 VR 业务为非对称业务，下行速率远高于上行速率，在规划时需要满足下行业务需求情况。

表 5-2 与表 5-3 是根据协议核算的 VoLTE 视频业务、高清视频及 VR 业务需求情况，如下。

- 实现 H.265 480P 视频业务需要满足上下行速率为 0.75 Mbit/s。
- 实现 H.265 720P 视频业务需要满足上下行速率为 1.25 Mbit/s。
- 实现高清视频 1080P 视频业务需要满足下行速率为 4 Mbit/s。
- 实现高清视频 1080PVR 业务需要满足下行速率为 10 Mbit/s。
- 实现高清视频 4K 视频业务需要满足下行速率为 15 Mbit/s。
- 实现高清视频 4K VR 业务需要满足下行速率为 40 Mbit/s。

随着视频清晰度的提高、VR/AR 及裸眼 3D 技术的要求，对网络速率的要求快速增加，对网络整体容量提出了更高的要求，后期需要根据网络实际用户需求情况调整容量规划指标。

表 5-2　VoLTE 视频通话业务速率需求

信源编码（分辨率）	VoLTE 视频（H.264，30 f/s）				VoLTE 视频（H.265，30 f/s）			
	BP（320×240）	EP（352×288）	MP（640×480）	HP（1 280×720）	BP（320×240）	EP（352×288）	MP（640×480）	HP（1 280×720）
信源码流（kbit/s）	640	768	1 216	2 176	320	384	608	1 088
PDCP 层下行速率要求（kbit/s）（不低于）	660	800	1 260	2 250	330	400	630	1 125
PDCP 层上行速率要求（kbit/s）（不低于）	660	800	1 260	2 250	330	400	630	1 125
用户体验下行速率要求（Mbit/s）（不低于）	1	1.2	1.5	2.5	0.5	0.6	0.75	1.25
用户体验上行速率要求（Mbit/s）（不低于）	1	1.2	1.5	2.5	0.5	0.6	0.75	1.25

数据来源：信源码流来自 H264 and MPEG-4 Video Compression 标准中关于视频 profile & level 的定义。

表 5-3　高清视频及 VR 业务需求

分辨率名称	业务类型	屏幕分辨率（pixel/frame）		色深（bit/pixel）	帧率（f/s）	视频编码		网络传输开销系数	网络速率要求（Mbit/s）		时延要求（ms）	可靠性要求（误码率）
		H	V			编码压缩率	编码协议		典型速率（Mbit/s）	建议速率取值范围（Mbit/s）		
1080P	高清视频	1 920	1 080	8	30	165	H.265	1.3	4	[2.5, 6]	50	1.40×10^{-4}
	VR	1 920	1 080	10	60	165	H.265	1.3	10	[6, 15]		
4K	高清视频	3 840	2 160	8	30	165	H.265	1.3	15	[10, 25]	40	
	VR	3 840	2 160	10	60	165	H.265	1.3	40	[25, 60]		
8K 2D	高清视频	7 680	4 320	8	30	165	H.265	1.3	60	[40, 90]	30	1.50×10^{-5}
	VR	7 680	4 320	10	60	165	H.265	1.3	150	[90, 230]		
8K 3D	高清视频	7 680	4 320	16	60	165	H.265	1.3	240	[160, 360]		
	VR	7 680	4 320	18	120	165	H.265	1.3	540	[360, 800]		
12K 2D	高清视频	11 520	5 760	8	30	215	HEVC/VP9	1.3	100	[50, 160]	20	1.90×10^{-6}
	VR	11 520	5 760	10	60	215	HEVC/VP9	1.3	240	[160, 360]		
24K 3D	高清视频	23 040	11 520	16	60	350	H.266 3D	1.3	900	[600, 1 500]	10	5.50×10^{-8}
	VR	23 040	11 520	18	120	350	H.266 3D	1.3	2 300	[1 500, 3 500]		

数据来源：编码压缩率来自 H265/H266/HEVC 协议，网络速率要求≈屏幕分辨率×色深×帧率÷编码压缩率×网络传输开销系数。

| 5.3　影响 5G 单站容量的因素 |

5.3.1　频率带宽

根据香农公式 $C=B\cdot\log_2(1+S/N)$可知，信道容量与系统带宽 B 和信噪比 S/N

正相关，系统带宽越宽，可携带的信息量越大。4G 系统最大频率带宽为 20 MHz，5G 系统最大频率带宽远大于 4G 系统，故速率更高。

根据协议可知，5G 使用频率可以分为低于 6 GHz 频段（FR1）和毫米波频段（FR2），两个频率范围频率带宽、子载波等参数定义不同，如表 5-4 所示。在实际部署中，FR1 频段频率低，覆盖范围广，可以作为广覆频段；FR2 频段频率高，传播路损较大，带宽较宽，可以作为容量补充。

表 5-4　5G 频段范围定义

频率范围名称	频率范围（MHz）
FR1	450～6 000
FR2	24 250～52 600

5G 支持灵活配置系统频率带宽，FR1 包括 5 MHz、10 MHz、15 MHz、20 MHz、25 MHz、30 MHz、40 MHz、50 MHz、60 MHz、80 MHz 和 100 MHz 共 11 种带宽配置；子载波支持 15 kHz、30 kHz 和 60 kHz 共 3 种子载波配置。

FR1 各频率带宽配置 RB 数见表 5-5。

表 5-5　FR1 各频率带宽配置 RB 数

SCS（kHz）	5 MHz	10 MHz	15 MHz	20 MHz	25 MHz	30 MHz	40 MHz	50 MHz	60 MHz	80 MHz	100 MHz
	N_{RB}	N_{RB}	N_{RB}	N_{RB}	N_{RB}	N_{RB}	N_{RB}	N_{RB}	N_{RB}	N_{RB}	N_{RB}
15	25	52	79	106	133	[160]	216	270	N/A	N/A	N/A
30	11	24	38	51	65	[78]	106	133	162	217	273
60	N/A	11	18	24	31	[38]	51	65	79	107	135

注：“[]”表示未定义

FR2 包括 50 MHz、100 MHz、200 MHz 和 400 MHz 共 4 种带宽配置；子载波支持 60 kHz 和 120 kHz 共两种子载波配置。

FR2 各频率带宽配置 RB 数见表 5-6。

表 5-6　FR2 各频率带宽配置 RB 数

SCS（kHz）	50 MHz	100 MHz	200 MHz	400 MHz
	N_{RB}	N_{RB}	N_{RB}	N_{RB}
60	66	132	264	N/A
120	32	66	132	264

5.3.2 Massive MIMO

Massive MIMO是5G最重要的关键技术之一，对无线网络规划方法的影响也很大，将改变移动网络基于扇区级宽波束的传统网络规划方法。

Massive MIMO不再是扇区级的固定宽波束，而是采用用户级的动态窄波束，以提升覆盖能力；同时，为了提升频谱效率，波束相关性较低的多个用户可以同时使用相同的频率资源，即MU-MIMO，从而提升网络容量。

现有的4G基站只有十几个振子，但5G基站可以支持上百个振子，这些天线可以通过Massive MIMO技术形成大规模天线阵列，这就意味着基站可以同时从更多用户发送和接收信号，从而将移动网络的容量提升数十倍或更大。

毋庸置疑，Massive MIMO是5G能否实现商用的关键技术，但是多天线也势必会带来更多的干扰，而波束赋形就是解决这一问题的关键。

Massive MIMO的主要挑战是减少干扰，但正是因为Massive MIMO技术每个天线阵列集成了更多的天线，如果能有效地控制这些天线，让它发出的每个电磁波的空间互相抵消或者增强，就可以形成一个很窄的波束，而不是全向发射，有限的能量都集中在特定方向上进行传输，不仅使传输距离更远了，还避免了信号的干扰，这种将无线信号（电磁波）按特定方向传播的技术叫作波束赋形（Beamforming）。

这一技术的优势不仅如此，它可以提升频谱利用率，通过这一技术我们可以同时从多个天线发送更多信息；在大规模天线基站，我们甚至可以通过信号处理算法来计算出信号传输的最佳路径，以及最终移动终端的位置。因此，波束赋形可以解决毫米波信号被障碍物阻挡以及远距离衰减的问题。

5.3.3 调制方式

随着现代通信技术的发展，特别是移动通信技术的高速发展，新的需求层出不穷，促使新的业务不断产生，因而导致频率资源越来越紧张。在有限的带宽里要传输大量的多媒体数据，频谱利用率成为当前至关重要的课题，由于具有高频谱利用率、高功率谱密度等优势，QAM技术被广泛应用于移动通信网络。

正交幅度调制（QAM，Quadrature Amplitude Modulation）是一种在两个正交载波上进行幅度调制的调制方式。这两个载波通常是相位差为90°（π/2）的正弦波，因此，被称作正交载波。这种调制方式因此而得名。QAM发射信号集可以用星座图方便地表示。星座图上每一个星座点对应发射信号集中的一个信号。设正交幅度调制的发射信号集大小为 *N*，称之为 *N*-QAM。星座点经常采用水平和垂直方向等间距的正方网格配置，当然也有其他的配置方式。数字通信中数据常采用二进制表示，这种情况下星座点的个数一般是 2 的幂。常见的 QAM 形式有 16QAM、64QAM、256QAM。星座点数越多，每个符号能传输的信息量就越大。

从 3G 到 5G，数据信道的调制方式演进如表 5-7 所示。

表 5-7　数据信道的调制方式演进

制式	下行调制方式	上行调制方式
3G	QPSK、16QAM	QPSK、16QAM
4G	QPSK、16QAM、64QAM	QPSK、16QAM、64QAM
5G	QPSK、16QAM、64QAM、256QAM	（1）对带有 CP 的 OFDM 波形采用 QPSK、16QAM、64QAM、256QAM 调制； （2）对于处在小区边缘的 UE 使用带有 CP 的 DFT-s-OFDM 波形并采用 π/2-BPSK、QPSK、16QAM、64QAM、256QAM

注意：

（1）此表中的调制方式针对的是数据信道（PUSCH/PDSCH），对于控制信道、广播信道等会略有差别。

（2）对于 5G NR，设定 256QAM 是为了提高系统容量，设定 π/2-BPSK 是为了提高小区边缘的覆盖（仅在 Transforming Precoding 启用时可以采用 ）。

5G 数据信道支持 QPSK、16QAM、64QAM、256QAM 等方式，调制阶数越高对信号质量（信噪比）的要求越高，在实际网络中，处于覆盖近点的位置信噪比指标较好才能获得更高的调制阶数，用户体验速率才较高。

5.4　单站容量承载能力核算

5G 商用初期不进行语音承载，语音业务主要由 4G VoLTE 承载，后期随着 5G 覆盖的完善及 VoNR 技术的发展逐步过渡到 VoNR 承载，因而在现阶段暂不考虑 VoNR 对 5G 容量的影响，因此，本次分析假设系统资源完全提供数据业务情况的整体能力。

峰值速率定义为单用户在系统中被分配最大的带宽、最高的调制编码方式、处于理想的无线环境时所能达到的最高速率。对应到实际网络测试中，当一个用户独占小区所有带宽、靠近基站、邻小区干扰极微弱时，测得的实际速率有可能达到该网络所声称的峰值速率，所以在实际网络中，用户只有在某些情况下才可以达到系统设计的峰值速率，大多数终端在大多数情况下是达不到峰值速率的。

峰值速率是无线技术最大频谱利用潜力的表征，是无线技术中的一个专门概念，在研发中是对两种无线技术进行比较的一系列指标中的一个（其他重要指标还包括均值速率、用户平均速率、小区边缘用户平均速率等）。

由于峰值速率是单一用户独占模式，在实际网络中大部分基站均处于大量用户分享资源的模式，此时的基站速率远小于峰值速率，该速率对于无线容量规划具有十分重要的意义。在实际容量规划中，将系统实际能达到的平均吞吐量作为基站容量承载能力。

对于 eMBB 场景，5G 的最大特点是能提供更高的峰值速率和频谱效率，5G 峰值速率与使用频段、频带带宽、多 MIMO 方式、调制方式等关系密切。

根据 5G 低频站和高频站的典型配置参数，按照 NGMN 建议的基站带宽计算方法，可以核算出单基站的峰值、均值速率，如表 5-8 所示，其中给出的频谱效率的峰值和均值是无线厂家提供的典型值。

根据 5G 单基站峰值与均值速率可知，5G 低频站使用的频宽为 100 MHz、64T64R 情况下峰值速率为 4.65 Gbit/s，均值速率为 2.03 Gbit/s；5G 高频站使用的频宽为 800 MHz、4T4R 情况下峰值速率为 13.33 Gbit/s，均值速率为 5.15 Gbit/s。

表 5-8　5G 单站容量承载能力核算

参数	5G 低频	5G 高频
频谱资源	3.4～3.5 GHz，100 MHz 频宽	28 GHz 以上频谱，800 MHz 频宽
基站配置	3 小区，64T64R	3 小区，4T4R
频谱效率	峰值为 40 bit/Hz，均值为 7.8 bit/Hz	峰值为 15 bit/Hz，均值为 2.6 bit/Hz
其他考虑	10%封装开销，5% Xn 流量，1:3 TDD 上下行配比	10%封装开销，1:3 TDD 上下行配比
单小区峰值 [1]	100 MHz×40 bit/Hz×1.1×0.75=3.3 Gbit/s	800 MHz×15 bit/Hz×1.1×0.75 = 9.9 Gbit/s
单小区均值 [2]	100 MHz×7.8 bit/Hz×1.1×0.75×1.05 = 0.675 Gbit/s（Xn 流量主要发生于均值场景）	800 MHz×2.6 bit/Hz×1.1×0.75 = 1.716 Gbit/s（高频站主要用于补盲补热，Xn 流量已计入低频站）
单站峰值 [3]	3.3 +(3−1)× 0.675 = 4.65 Gbit/s	9.9 + (3−1)× 1.716 = 13.33 Gbit/s

（续表）

参数	5G 低频	5G 高频
单站均值[4]	0.675×3=2.03 Gbit/s	1.716×3 = 5.15 Gbit/s

摘自中国信通院《5G 承载需求白皮书》

注：1．单小区峰值带宽=频宽×频谱效率峰值×（1+封装开销）× TDD 下行占比。

2．单小区均值带宽=频宽×频谱效率峰值×（1+封装开销）× TDD 下行占比×（1+Xn）。

3．单站峰值带宽=单小区峰值带宽×1 +单小区均值带宽×（N−1）。

4．单站均值带宽=单小区均值带宽×N。

第6章
5G 室内分布系统的设计

随着4G用户规模的快速增长、移动应用的不断创新，以及运营商流量资费水平的持续降低，近年来，移动网络承载的流量呈现出几何级数增长的态势，并且其中越来越多的流量开始出现在室内，这对运营商增强室内覆盖提出了迫切需求。5G相较于以往的移动通信技术，其使用的频段更高，传统室内分布系统相关器件难以满足高频段需求和用户容量需求，有源室内分布系统较好地解决了高频段和容量问题，是5G室内分布系统的主流解决方案。本章分析5G室内覆盖需求，对有源和无源室内分布系统进行了对比分析，提出了有源室内分布系统的设计原则并列举了有源室分典型场景的解决方案。

6.1 室内分布系统简介

移动通信的网络覆盖、容量、质量是运营商获取竞争优势的关键因素。网络覆盖、网络容量、网络质量从根本上体现了移动网络的服务水平，是所有网络优化工作的主题。室内分布系统是针对室内用户群、用于改善建筑物内移动通信环境的一种成功的方案，其原理是利用室内覆盖式天馈系统将基站的信号均匀分布在室内每个角落，从而保证室内区域拥有理想的信号覆盖。

室内分布系统的建设，可完善大中型建筑物、重要的地下公共场所及高层建筑的室内覆盖，较为全面地改善建筑物内的通话质量，提高移动电话接通率，开辟出高质量的室内移动通信区域；同时，使用微蜂窝系统可以分担室外宏蜂窝话务，扩大网络容量，从而保证良好的通信质量，整体上提高移动网络的服务水平，是移动通信网络发展的需要。

| 6.2　5G 对室内覆盖需求 |

6.2.1　室内业务需求

对于移动通信网络而言，信号的室内覆盖水平一直是市场竞争力高低的重要体现。到了 5G 时代，室内覆盖则变得更加重要，更加具有战略意义，在某种程度上甚至可以说，室内覆盖的好坏决定着 5G 的成败。5G 时代是数据的时代，而数据业务更多地发生在室内。研究表明，80%～90%的移动数据业务是在室内发生的，尤其是学校、商场、办公大楼、会议中心等公共场所。这些高业务区域的信号覆盖对于运营商而言就是收入的来源，如果不能在这些区域提供良好的网络覆盖，无法有效地吸收业务，满足需求，其网络投资必然会受到损害。

5G 时代是体验的时代，全球运营商都开始高度重视用户的体验。要保证用户体验质量，作为高话务区的室内覆盖便不可忽视。另有调研显示，70%的用户投诉也发生在室内，因此，为保证用户获得更好的体验，运营商必须提供质量更高的室内连续深度覆盖，杜绝有信号而无法上网的现象发生。

6.2.2　室分覆盖需求

随着移动用户渗透率越来越高，越来越多的业务发生在室内，移动网络的室内深度覆盖成为当前网络建设最大的难题之一。

第一，由外而内的覆盖方式难以为继。作为传统的室内覆盖方式之一，通过室外基站将信号直接“打入”室内的解决方案在 4G 时代已经难以奏效，对于 5G 来讲更是杯水车薪。国际上 5G 使用最广的 3.5 GHz 频段相较于 4G 频率更高，信号穿透能力更差，损耗严重，如果利用室外宏基站解决室内的接入问题，只能通过新建大量的宏基站来解决，不仅大幅增加建网成本，且随着站址密度的不断增加，站址获取难度加大。

第二，传统室内覆盖解决方案已经力不从心。为了解决移动网络的室内覆盖问题，特别是大型公共场所的室内覆盖问题，传统的解决方案是采用分布式天线系统（DAS，Distributed Antenna System），这种解决方案将网络信号通过信号电缆引入室内，并分配至不同区域，实现网络的深度覆盖。现有 DAS 系统除了馈线，其他元器件如功分器、耦合器、天线等均不支持 3.5 GHz 频段，如果要在现有系统内馈入 5G 信号，需要更换不支持 3.5 GHz 频段的元器件，考虑到 3.5 GHz 信号在馈线中的传播损耗更大，原有天线布放间距需要加密，使得对现有 DAS 改造成本加大。现有 DAS 系统升级支持 5G 多天线技术，需要将单路、双路系统分别新增 3 路、两路改造为 4 路，达到 5G 室分要求，系统改造难度较大，难以满足 5G 网络的容量需求，成为其难以克服的短板。

传统室分网络 5G 改造难度较大，改造后可解决 5G 覆盖问题，但性能难以满足要求，且无法实现可视化运维、多元化业务需求及后期演进，有源室分成为 5G 室分的解决方法。

6.3 有源、无源室分对比

6.3.1 有源室分组网

有源室分系统也称为毫瓦级分布式小基站，一般由基带处理单元（BBU）、扩展单元和远端单元组成，基带处理单元与扩展单元通过光纤连接，扩展单元与远端单元通过网线连接，远端单元通过以太网供电（POE，Power over Ethernet）。远端为有源设备，可管控。

目前，4G 有源分布设备主要包括华为的 Lampsite、中兴的 Qcell 和爱立信的 RDS，各厂商的有源分布系统都是由基带处理单元、扩展单元和远端单元 3 个部分组成，不同厂商对各功能单元的命名也不相同，根据各厂家设备的演进情况，现有有源设备大部分都支持升级至 5G。各厂商的组网结构如图 6-1、图 6-2 和图 6-3 所示。

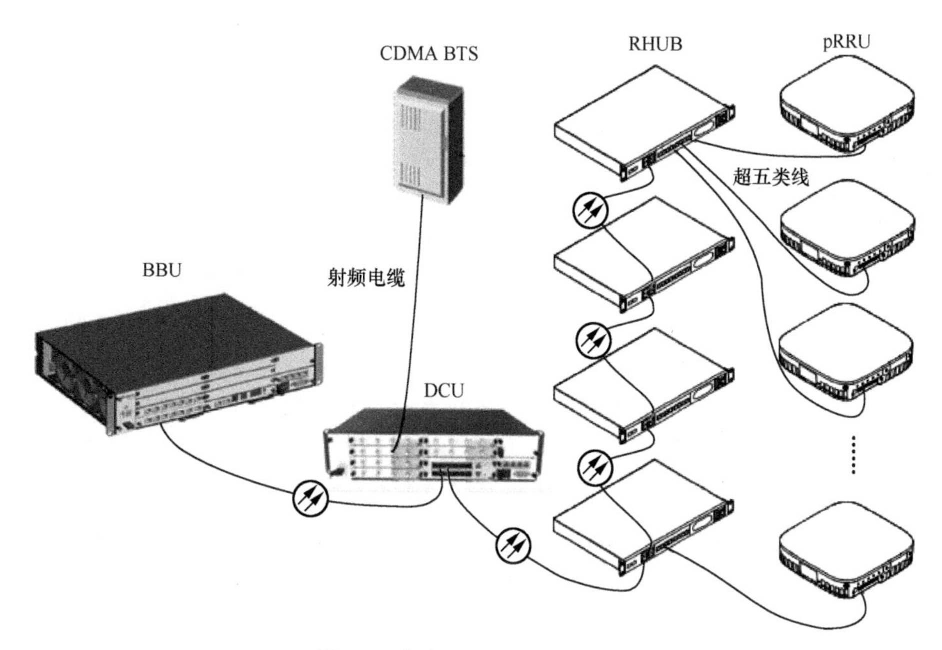

图 6-1　华为 Lampsite 组网结构

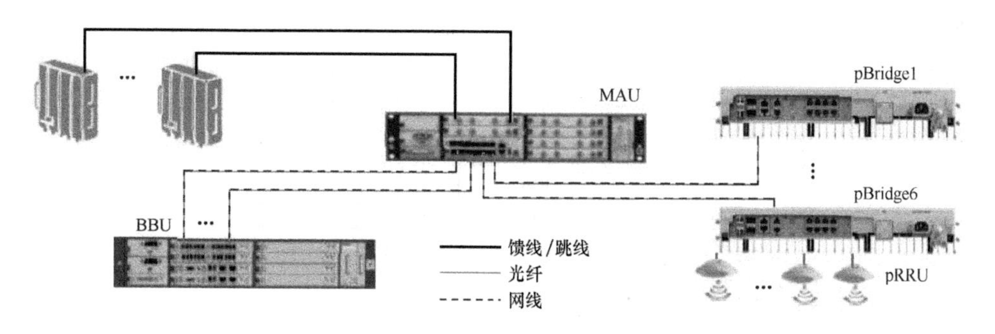

图 6-2　中兴 Qcell 组网结构

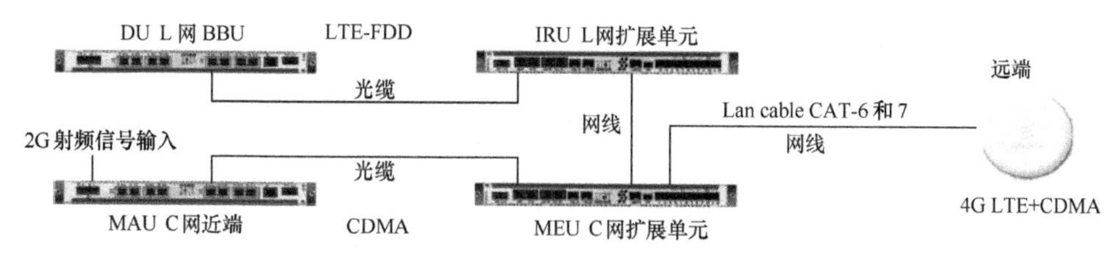

图 6-3　爱立信 RDS 系统组网结构

6.3.2 无源室分组网

室内分布系统主要由来自各种制式网络的施主信源和信号分布系统两部分组成。施主信源包括基站、基站拉远设备、无线或有线中继设备；室内信号分布系统由有源器件、无源器件、天线、缆线等组成。

施主信源分为宏基站、微蜂窝、分布式基站和中继接入的各类直放站等。施主信源可从分担的业务类别、容量分散过密地区的网络压力，动态地调配业务资源，达到最佳的网络优化角度进行综合考虑选取。无源天馈分布方式由除信号源外的耦合器、功率分配器、合路器等无源器件和电缆、天线组成，通过无源器件进行信号分路传输，经馈线将信号尽可能平均地分配至分散安装在建筑物各个区域的每一副天线上，从而实现室内信号的均匀分布。

目前，最常见的无源分布系统信号源由 BBU+RRU 组成，信号分布系统主要由天线、馈线、耦合器、功分器组成，组网方式如图 6-4 所示。

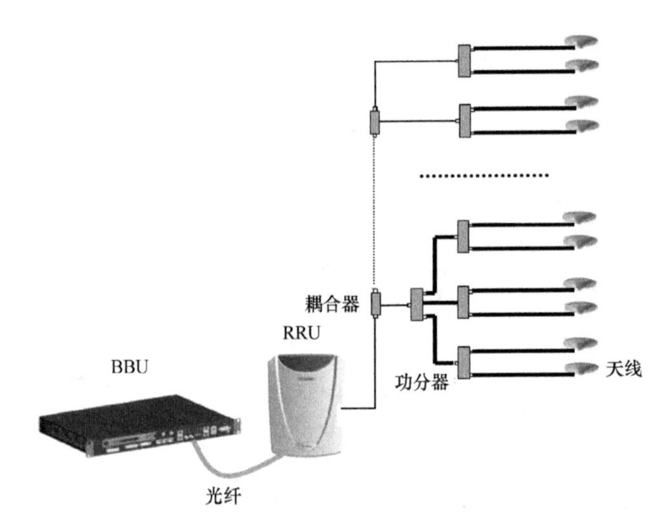

图 6-4　无源组网方式

6.3.3 优劣势对比

根据对有源和无源室分系统的分析，有源室分最大的优点是设计简单；使用六类线或者光电复合缆部署，不占用线槽空间；支持 MIMO 且场强均匀；超大系统容量；可视化管理；直观监控全网设备情况；支持 3.5 GHz 频段等，但是也存在造价高、设备用电量大且容易出故障等缺点。

无源室分系统的优点有无须供电、故障率低、造价低，但是它存在建设 MIMO 容易引起链路不平衡、用户体验差、除了馈线大部分元器件不支持 3.5 GHz 等缺点，未来很难支持 5G 主用 3.5 GHz 频段。有源、无源分布系统优劣势对比如表 6-1 所示。

表 6-1　有源、无源分布系统优劣势对比

覆盖方式	优点	缺点
有源	覆盖半径比无源天线大、设计简单、布线灵活； 节点少，隐患少，节点都可视、可管，问题易定位； 支持 MIMO 且场强均匀； 超大系统容量，通过后台即可调整小区合并或小区分裂，从而灵活调整容量； 有效改善室内的弱覆盖区域的覆盖效果，改善覆盖边缘的用户体验，并保证业务的整体连续性； 可视化管理，直观监控全网设备情况，网络指标收集可细化到远端单元； 支持频段与射频端设备有关，支持 3.5 GHz 频段	设备需要根据运营商定制，无法实现多家运营商共享一套系统； 设备需供电、用电量大，且容易出故障； 造价高
无源	系统由无源器件组成、无须供电、故障率低； 器件宽频段，一套室分系统只需通过增加信号源即可实现多家运营商共享； 造价低	节点多，系统设计复杂； 节点多、隐患多，无源器件故障无法定位； 建设 MIMO 容易引起链路不平衡，用户体验差； 扩容困难，需要两次上站增加信源设备，容量调整不灵活； 场强不均匀，信号随着合路器/功分器/馈线一路衰减，越到末端，信号越弱，覆盖越差； 除了馈线大部分元器件不支持 3.5 GHz

从 5G 系统特点与要求，有源、无源室分系统对比可知，有源室分是未来 5G 室分部署的最主要方式。

6.4　有源室分设计原则

6.4.1　设计目标

室分的设计目标主要包含覆盖目标、容量目标、对信号外泄的要求等。

覆盖目标一般都是指目标覆盖区域一定比例的位置公共参考信号接收功率（RSRP）、RS-SINR 信号水平满足某一具体指标要求。在实际设计时应根据室外信号干扰水平设计合理的 RSRP 边缘场强，以满足 RS-SINR 要求。

容量目标一般是提供一定的流量，由于有源室分每个远端单元均能提供容量且能根据设计对一些小区进行合并，容量目标比较容易实现。

信号外泄要求主要是避免室内信号过度外泄影响室外区域的覆盖，在 4G 系统中要求一般建筑物外 10 m 处，接收到室内信号 $RSRP \leqslant -110$ dBm 的比例大于 90%，或者室内信号强度比室外主小区低 10 dB 的比例大于 90%。

6.4.2 有源室分覆盖规划

根据场景内的覆盖需求，结合 pRRU 的覆盖能力统筹规划 pRRU 的布局。有源分布系统单天线覆盖能力一般比传统室分强，应充分发挥 pRRU 的覆盖能力，控制远端单元的布放密度，避免功率和投资的浪费。

1. pRRU 选型

为了满足后续网络的扩容需求，建议尽量选择多频 pRRU，优先使用 pRRU 自带的全向天线。

对于特殊场景，如壁挂安装时，全向天线在覆盖控制、覆盖能力、外泄控制等方面可能都会有问题，此种情况建议考虑使用外接定向天线。

2. 网线的选型

为满足 5G 网络演进需求，建议网线直接部署超六类线。

远端单元分布在室内的各个业务集中的位置，保证覆盖区域的信号在较高的信号强度下的均匀分布。远端单元部署的点位和间距依据室内环境的不同而有不同的选择，表 6-2 是 4G 远端单元建议的覆盖半径，工程现场需要根据实际情况进行选择。

表 6-2　各场景 pRRU 4G 覆盖半径建议值

覆盖区域 $RSRP \geqslant -115$ dBm								
发射功率（dB）	空旷大厅可覆盖范围（m）	穿玻璃墙可覆盖范围（m）	穿石膏墙可覆盖范围（m）	穿一般砖墙可覆盖范围（m）	穿混凝土墙可覆盖范围（m）	穿两堵玻璃墙可覆盖范围（m）	穿两堵石膏墙可覆盖范围（m）	穿两堵砖墙可覆盖范围（m）
17（50 mW×2）	28～36	20～26	18～22	11～14	7～10	15～19	10～13	5～6
20（100 mW×2）	33～43	24～32	20～26	13～17	9～12	18～23	12～16	6～7
21（125 mW×2）	37～46	27～34	23～28	14～18	10～13	20～25	13～17	7～8

6.4.3 有源室分容量规划

根据各厂商的设备特点，一个小区可包括单个或者多个远端天线单元。在实际应用时，可根据建筑物的容量需求及厂商设备支持的小区分裂和合并能力，灵活进行小区规划。

针对热点建筑，在 LTE 放号初期、用户较少的情况下，可以通过软件将 pRRU 设置为同一小区，减少资源浪费，具体组网如图 6-5 所示。

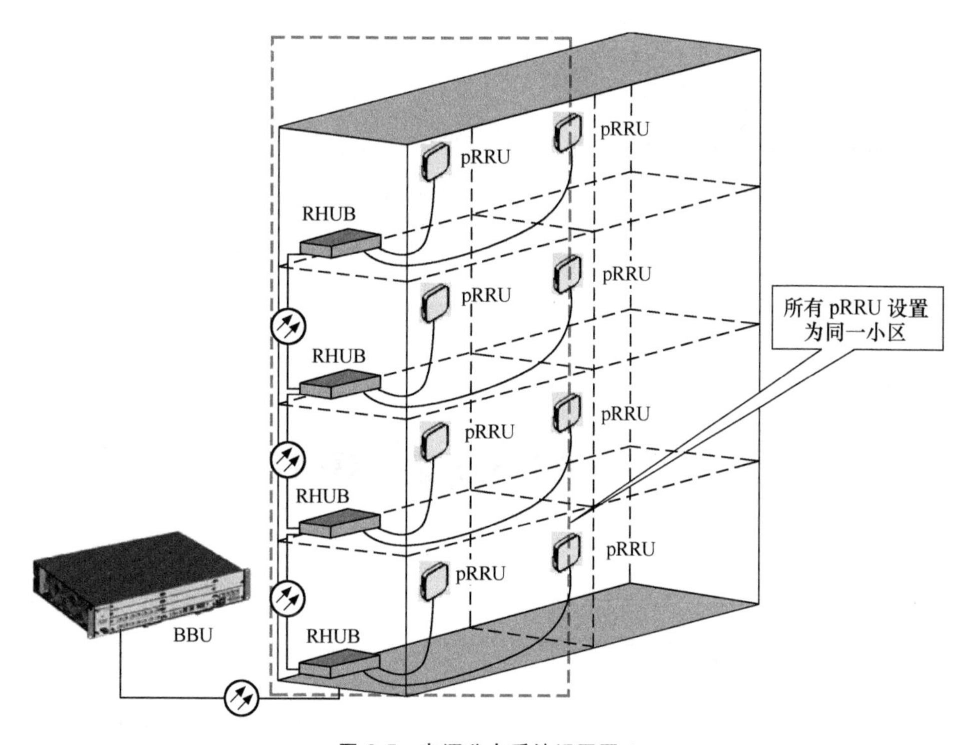

图 6-5　有源分布系统组网图 1

随着网络用户数的增加，当出现容量受限的情况时，可通过软件配置，实施小区分裂，增加系统容量，而无须重新布放设备，如图 6-6 所示，网络扩容简单快捷。

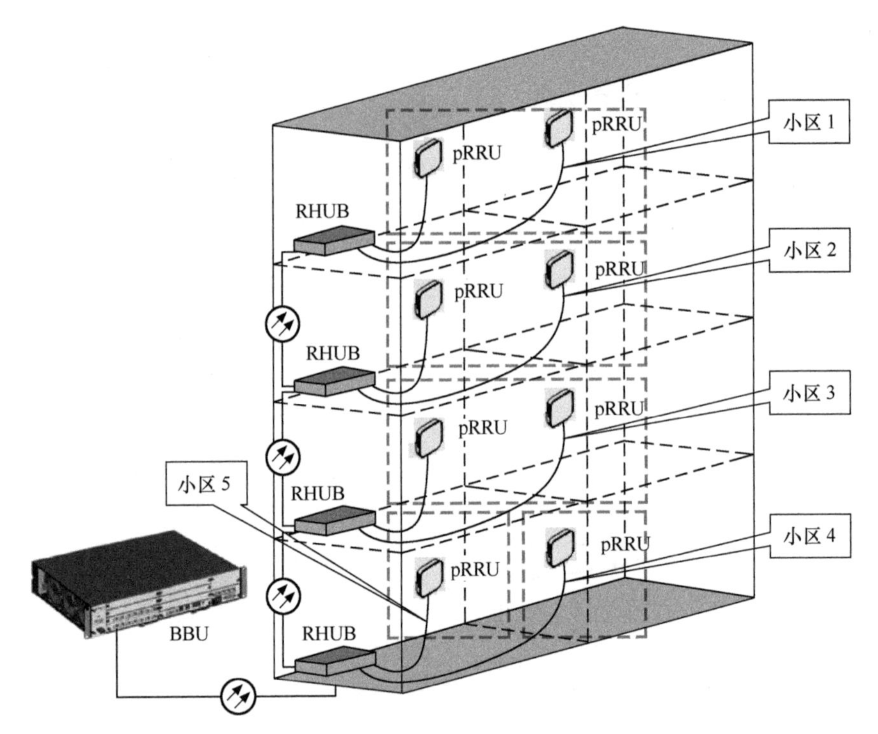

图 6-6　有源分布系统组网图 2

6.5　有源室分设计案例

6.5.1　分场景部署方案

有源分布系统是未来楼宇室内覆盖的主要建设手段，针对不同类型的建筑物，可根据建筑物的自身特点调整有源分布系统部署方案。各场景分类明细如表 6-3 所示。

表 6-3　场景分类明细

序号	场景分类	场景特点	适用建筑物类型
1	大型场馆	业务量大、人流量大、面积较大、隔断较少	会展中心、体育场、体育馆等

（续表）

序号	场景分类	场景特点	适用建筑物类型
2	交通枢纽	业务量大、人流量大、面积较大、隔断较少，节假日具有突发性超高业务量	机场、高铁站、火车站、地铁站厅、客运站等
3	商用楼宇	建筑物内部间隔多、楼层平面结构多样化、穿透覆盖难度大、人员密度分布不均匀	写字楼、宾馆酒店、医院等
4	购物中心	楼宇结构通常为扁平化、单层楼宇面积较大、人流量大、业务量大且需求多样化	大型商场、卖场、超市、专业市场等
5	学校	存在多种功能性建筑、人流量大、业务量大、同时话务量具有规律的流动性	图书馆、体育馆、宿舍楼、教学楼、食堂

6.5.2　大型场馆覆盖解决方案

根据场馆使用功能和建设格局，大型场馆可分为体育场、体育馆和会展中心 3 种类型，具体如表 6-4 所示。

表 6-4　大型场馆分类明细

序号	大型场馆类型	代表场馆	场景特点	场馆外观
1	体育场	体育中心	半开放式，主体为钢筋混凝土结构；建筑物举架高，内部空旷，隔断很少，无线传播环境较好；场馆内用户集中于看台区域，看台区的无线网络问题一般表现为容量受限	
2	体育馆	大运中心体育馆/游泳馆	全封闭式，场馆内部挑高，隔断较少；场馆内用户集中于看台区域；受室外宏站干扰的程度较轻，看台区同时兼有容量受限和覆盖受限两个问题	
3	会展中心	会展中心	主体多为钢筋混凝土结构，内部用轻质墙隔断分割成多个展位。此类场景建筑物举架较高，内部空旷，无线传播环境较好，用户相对分散；展馆内同时兼有干扰受限和覆盖受限两种问题	

1. 覆盖范围

体育场（馆）的覆盖范围应包括看台区、中央草坪、贵宾区（贵宾接待厅、会议室、包厢等）、媒体区（文字处理间、新闻发布厅等），交通层、功能层、设备层、地下停车场和所有非观光电梯。

会展中心的覆盖范围应包括展览区、休息区、会议室、办公室、地下停车场和所有非观光电梯。

2. 设计要点

体育馆/会展中心设计要点。

（1）出入大厅 pRRU 安装位置选择。

出入大厅为空旷区域，内部无明显阻挡，外墙多为玻璃幕墙结构。设计上一方面需要注意控制外泄，要将 pRRU 远离进门方向或安装在柱子的背面；另一方面该场景突发性人流量大且有明显的流向性，实际覆盖范围需结合容量一起规划，设计上按空旷大厅场景进行布放，但可考虑适当缩小覆盖密度。

（2）走廊。

内部走廊是连接出入大厅和各个展厅的通道，主要为狭长空旷区域，考虑隧道效应，根据远端单元不同的输出功率，覆盖半径可按 28 ~ 46 m 间距进行布放，优先考虑布放在拐角、转角等连接区域。

（3）展厅 pRRU 安装位置选择。

展厅天花挑高较高，且多数情况顶上无 pRRU 安装条件，可将 pRRU 挂在四周墙上进行覆盖或外接定向天线。

需要注意的是会展中心在没有展出任务时可能处于完全空旷状态，当举办展览会时，将出现大量半开放式的展位，主要由钢结构和纤维板进行隔断，其穿损应在玻璃墙和石膏墙之间。进行展厅设计时应当按照其展出状态考虑，并考虑现场人流密度，适当缩小，根据远端单元不同的输出功率，覆盖半径可按 20 ~ 34 m 进行布放，同时远端单元可外接高增益的窄波束天线，控制有效覆盖范围。

（4）办公区。

会展中心还存在结构较为复杂的工作人员办公区。房间纵深 10 m 以内，pRRU 安装在门外走廊，基本可以解决房间内信号，根据远端单元不同的输出功率，pRRU 覆盖半径在 11 ~ 18 m。房间纵深超过 10 m 的，可根据 pRRU 的功率大小和房屋结构确定是否需要入室覆盖。

体育馆/会展中心 pRRU 覆盖半径建议如表 6-5 所示。

（5）体育馆设计要点。

该场景较为空旷，基本无遮挡，但该场景人员密集，需要结合容量进行

pRRU 的布放。一般情况下应当缩小 pRRU 的布放密度。根据体育场内部的情况不同，有两种覆盖方式。

表 6-5　体育馆/会展中心 pRRU 覆盖半径建议

发射功率（dBm）	空旷大厅可覆盖范围（m）	穿一堵墙可覆盖范围（m）	穿两堵墙可覆盖范围（m）
17（50 mW×2）	28～36	11～14	5～6
20（100 mW×2）	33～43	13～17	6～7
21（125 mW×2）	36～46	14～18	7～8

- 覆盖方式 1

将 pRRU 安装在顶棚上朝看台区进行覆盖，需要顶棚离座位距离在 pRRU 的覆盖能力之内，施工难度大，但现场覆盖效果较好。从覆盖能力上看，pRRU 的覆盖半径可以参照空旷大厅的覆盖半径。同时远端单元可外接高增益的窄波束天线，控制有效覆盖范围。

- 覆盖方式 2

将 pRRU 安装在看台座位区后面进行覆盖，该项施工容易，方便后期维护，但容易干扰到场地中间和对面，且 pRRU 布放密度大于第一种模式。

覆盖能力分析：传播模型按人体 3 dB 穿损计算，每排观众 1 m 间距进行考虑。一般将覆盖半径控制在 10 ~ 12 m，具体如表 6-6 所示。

表 6-6　体育场 pRRU 覆盖半径建议

发射功率（dBm）	连续穿过观众排数	覆盖半径（m）
17（50 mW×2）	10	10
20（100 mW×2）	11	11
21（125 mW×2）	12	12

3. **典型案例**

（1）背景介绍。

某体育中心整个项目占地约 30.74 公顷，总建筑面积达 25.6 万平方米，包括体育场、体育馆、游泳馆、运动员接待服务中心、体育主题公园及商业运营设施。体育场共计 5 层，其中 B1 层是停车场，1 ~ 4 层是观众席以及办公室。

（2）覆盖方案。

本次部署设计“看台区域采用 Lampsite 系统的 pRRU+外接赋形天线、赛场区域采用室外型 RRU+外接赋形天线”进行覆盖，如图 6-7 所示。共部署 BBU

3 台、RHUB 4 台、pRRU 16 台、宏 RRU 8 台、赋形天线 24 台。每个 pRRU 和 RRU 外接一副天线，主看台 8 面，副看台 10 面，赛场 8 面。RRU/pRRU 和天线均布放在顶棚马道上，RHUB 安装在 1#、2#、3#弱电井 4 楼，各弱电井与 RHUB 的最远距离不超过 200 m。

（3）频率及小区规划。

看台采用 1.8 GHz 频段 15 MHz 带宽，同频组网。赛场采用 1.8 GHz 频段 15 MHz 带宽和 2.1 GHz 频段 20 MHz 带宽，异频组网。

体育馆小区分布如图 6-8 所示。小区分布为主看台 5 个 1.8 GHz 小区，其余周边看台 2 个 1.8 GHz 小区，中间操场 8 个小区（4 个 1.8 GHz、4 个 2.1 GHz，间隔交错分布），实现了整个体育场的全覆盖。频段交错分布，既满足了大容量的需求，又最大程度地控制了小区间的干扰，而且 Lampsite 能实时监控，保障全程业务，提升了网络质量和用户体验。

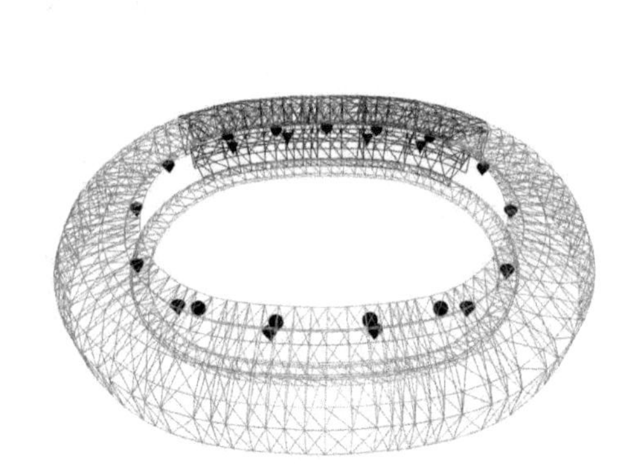

图 6-7　体育中心天线点位分布图

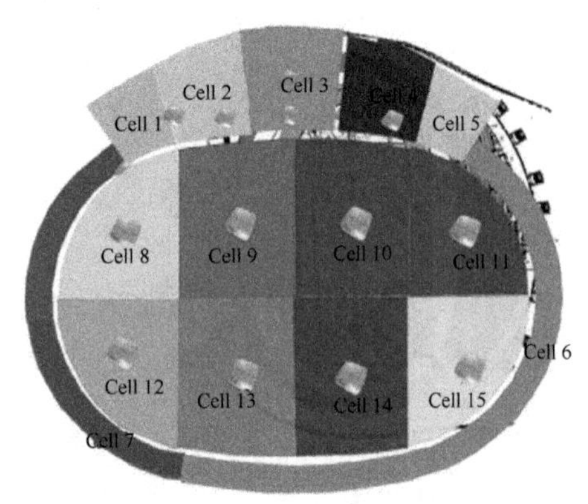

图 6-8　体育馆小区分布图

6.5.3　交通枢纽覆盖解决方案

1．覆盖范围

交通枢纽的覆盖区域应包括覆盖候车室与 VIP 区、售票处、行包托运处、停车场、非观光电梯、设备间等区域。

2．设计要点

（1）售票厅和候车厅。

售票厅和候车厅属于空旷、大容量区域，根据容量和覆盖需求，在一个厅安装一个或多个 pRRU，考虑火车站人流密集程度，需要适当缩小 pRRU 的覆盖半径，根据远端单元不同的输出功率，4G 可考虑在 28 ~ 46 m 范围设计，具

体覆盖半径详见表 6-7。同时，远端单元可外接高增益的窄波束天线，控制有效覆盖范围。

表 6-7　售票厅和候车厅 pRRU 覆盖半径建议

发射功率（dBm）	大厅覆盖范围（m）	穿墙覆盖范围（m）	建议远离大门距离（m）
17（50 mW×2）	28～36	11～14	4
20（100 mW×2）	33～43	13～17	6
21（125 mW×2）	36～46	14～18	8

（2）VIP 厅。

VIP 厅作为重点覆盖区域，一般要求单独覆盖。根据物业要求选择 pRRU 明装或暗装，入室安装覆盖。

（3）通道。

通道区域较狭长，一般为空旷结构，pRRU 可根据不同的挑高选择吸顶或者挂墙覆盖。考虑隧道效应，根据远端单元不同的输出功率，考虑一般 4G 覆盖半径在 28 ~ 46 m 范围。但需要注意 pRRU 应考虑放在转角处，同时远端单元可外接高增益的窄波束天线，控制有效覆盖范围。

（4）办公区/商业区。

办公区较多隔间，层高较低，内部结构复杂。一般只考虑 pRRU 穿一堵墙（1.8 GHz，穿损 15 dB）进行覆盖，根据远端单元不同的输出功率，pRRU 4G 覆盖半径在 11 ~ 18 m，具体如表 6-8 所示。如果内部较为复杂或者纵深较深，可以考虑入室布放。

（5）停车场。

停车场以解决覆盖为主，由于非常空旷，根据远端单元不同的输出功率，pRRU 的 4G 覆盖半径为 28 ~ 46 m，可以充分利用 pRRU 的功率实现广覆盖。

表 6-8　办公区/商业区 pRRU 覆盖半径建议

发射功率（dBm）	大厅可覆盖范围（m）	穿一堵墙覆盖范围（m）	穿两堵墙覆盖范围（m）
17（50 mW×2）	28～36	11～14	5～6
20（100 mW×2）	33～43	13～17	6～7
21（125 mW×2）	36～46	14～18	7～8

3. **典型案例**

（1）背景介绍。

某地市火车站采用“高架候车、地下进出”的立体布局，建筑面积约 130 000

平方米，是一个集多种交通集散、城市景观展示、综合商务开发为一体的综合性现代化交通商务中心，是当地最重要的交通枢纽之一。

（2）覆盖方案。

该火车站共 5 层，包括候车大厅、售票厅、贵宾厅、办公室、出站通道。其中，候车大厅、贵宾厅业务量要求最大，是重点覆盖区域。本次部署方案采用中兴 CL 双模 Qcell 系统，全楼共使用 16 个 pB 和 64 个 pRRU，点位图如图 6-9 所示。

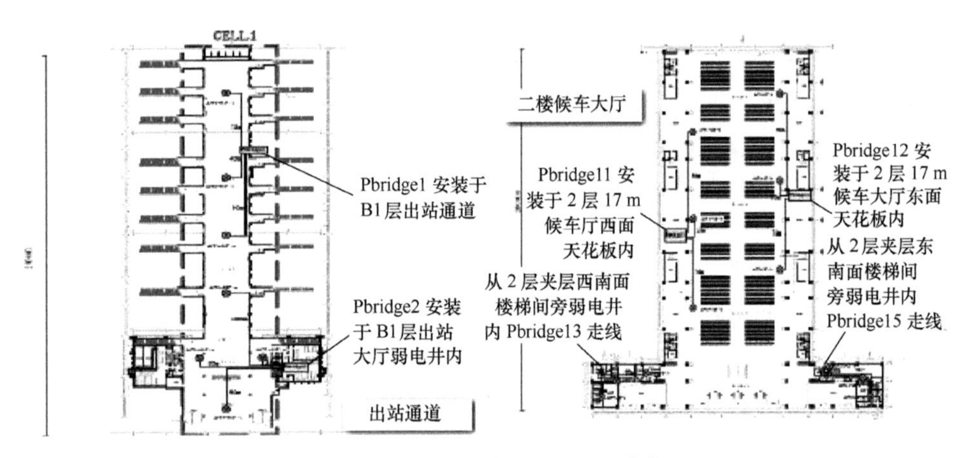

图 6-9　出站通道、候车大厅 pRRU 点位图

（3）频率及小区规划。

该站点采用 2.1 GHz 频段 20 MHz 带宽，整栋楼共划分为 4 个小区，其中，B1 层出站通道为 1 个小区，1 层进站口及 1 层夹层共为 1 个小区，2 层候车厅及 2 层夹层共划分为 2 个小区。

（4）现场实施照片。

现场实施情况如图 6-10 所示。

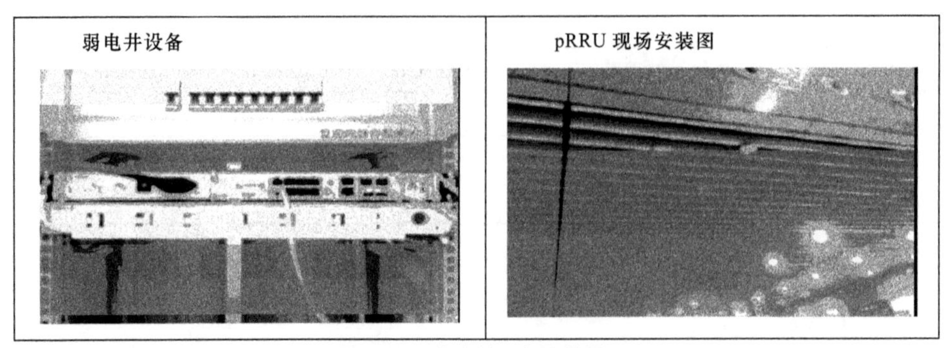

图 6-10　火车站现场实施图

6.5.4　商用楼宇覆盖解决方案

1. 覆盖范围

商用楼宇的覆盖范围应包括办公区、会议室、大堂、餐厅、客房、停车场、非观光电梯等。

2. 设计要点

（1）大厅、会议室、开放式办公区等大开间、结构简单的场景。

这类场景较空旷、结构面积较大，一般可在靠中间的位置布放远端单元进行覆盖，根据远端单元输出功率的不同，覆盖半径可按 20～34 m 考虑。对于较小型的会议室，可考虑安装在走廊进行覆盖。根据会议室及开放式办公区的大小、纵深来决定是否将分布式基站安装在室内或者安装在走廊，pRRU 覆盖半径建议如表 6-9 所示。

表 6-9　空旷区域 pRRU 覆盖半径建议

发射功率（dB）	空旷大厅可覆盖范围（m）	穿玻璃墙可覆盖范围（m）
17（50 mW×2）	28～36	20～26
20（100 mW×2）	33～43	24～32
21（125 mW×2）	37～46	27～34

（2）走廊+房间、隔断式办公区等内部建筑隔断较多的场景。

写字楼的房间纵深一般在 10 m 以内，天线安装在门外走廊基本可以解决房间内信号问题，当房间纵深超过 15 m 或内部结构复杂时，需要考虑将远端单元安装到室内。

（3）普通客房。

普通客房房间较小，多为走廊两侧对称分布结构，一般将覆盖单元布放在走廊，对两侧房间进行覆盖。按照覆盖单元的覆盖能力测算，单边大约覆盖 3～4 个房间，根据远端单元输出功率的不同，测算覆盖半径在 7～10 m。

（4）豪华客房。

豪华客房面积较大，有隔音材料，穿透损耗较大，建筑结构较复杂，建议将覆盖单元布放在客房内进行覆盖。

（5）电梯。

电梯区域可采用远端覆盖单元外接壁挂天线/对数周期天线进行覆盖。

（6）地下室。

根据远端单元输出功率的不同，地下室区域远端单元覆盖半径可按 28 ~ 46 m 设计，减少远端设备的使用，降低成本。在车库出入口要注意与宏站信号的衔接。

3. **典型案例**

（1）背景介绍。

某中心是一栋新建甲级写字楼，共 36 层，地下有 3 层，1 ~ 33 层为办公楼，34 ~ 36 层为设备房，电梯 15 部，低层电梯 6 部，高层电梯 8 部，货梯 1 部。

（2）覆盖方案。

楼层采用内置型 pRRU 覆盖，pRRU 安装在办公室内天花或过道天花上；电梯采用内置型 pRRU 覆盖，pRRU 安装在电梯井内，每台 pRRU 覆盖 3 ~ 4 层电梯井。全楼一共使用 2 台 DCU、39 台 RHUB、312 台 pRRU。RHUB 安装在办公楼各层弱电井，保证 RHUB 到 pRRU 的网线不超过 200 m，该中心组网结构如图 6-11 所示。

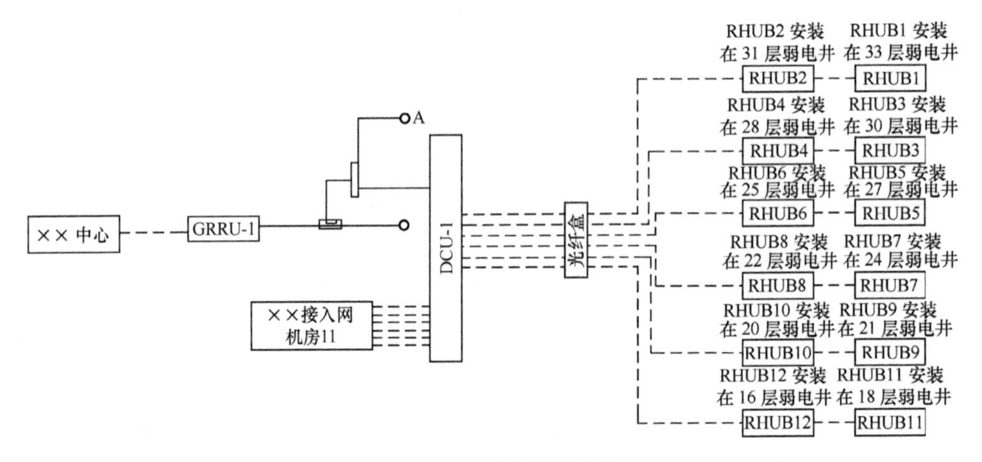

图 6-11　XX 中心组网结构

（3）频率及小区规划。

整栋楼配置 C 网 800+L 网 1.8G+L 网 2.1G，L 网 1.8G 及 L 网 2.1G 分别划分为 3 个小区，其中，3 层地下室及 15 部电梯为 1 个小区，1 ~ 16 层为 1 个小区，17 ~ 36 层为 1 个小区。C 网共配置 1 台 RRU，1X 配置 2 载波，满足语音覆盖需求。后期可根据业务量需求在后台灵活调整小区数量。

（4）现场设备照片。

现场施工情况如图 6-12 所示。

RHUB 现场安装图	pRRU 现场安装图
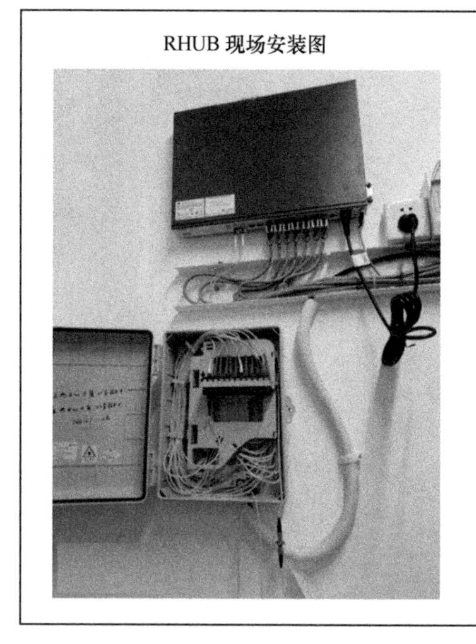	

图 6-12　XX 现场实施设备图

6.5.5　购物中心覆盖解决方案

1. **覆盖范围**

购物中心的覆盖范围应包括楼层卖场、餐饮区、停车场、非观光电梯等。

2. **设计要点**

（1）楼层。

购物中心的楼层 pRRU 放置应根据建筑物的装修情况、层高，考虑现场人流密度，根据远端单元输出功率的不同，较为空旷的楼层覆盖半径一般按 18 ~ 25 m 布放，较为密集的楼层（比如有多家美食商店、小商铺等）覆盖半径一般按 11 ~ 18 m 考虑，如有必要可以把 pRRU 放置到商铺里。

（2）小区规划。

根据人员流动性和节假日业务需求规划容量，预留足够的扩容空间；根据人员流动方向规划小区，减少切换；宏微协同，广场用宏 RRU 覆盖，与室内共小区。

（3）停车场。

停车场以解决覆盖为主，由于非常空旷，根据远端单元输出功率的不同，pRRU 的覆盖半径为 28 ~ 46 m，可以充分利用 pRRU 的功率实现广覆盖。

3. 典型案例

（1）背景介绍。

某广场共 4 层，其中地下室两层，地上两层，总建筑面积 100 000 m²，B1～2 层为开放式商场，建筑面积为 5 000 m²，是 XX 区首个拥有 24 小时营业功能的商业中心，且位于 XX 区核心位置，与三馆一城为邻，是休闲、娱乐、购物的新地标。

（2）覆盖方案。

该点楼层采用内置型 pRRU 覆盖，电梯采用外置型 pRRU+板状天线覆盖。楼层的 pRRU 安装在天花上，电梯的 pRRU 安装在弱电井内，再拉馈线到电梯井接板状天线。全楼一共使用 2 台 C 网 RRU、5 台 L 网 BBU、5 台 DCU、29 台 RHUB、148 个内置型 pRRU、7 个外置型 pRRU。RHUB 安装在楼层的弱电井，保证到 pRRU 之间的网线不超过 200 m。

该广场电梯分布组网如图 6-13 所示。

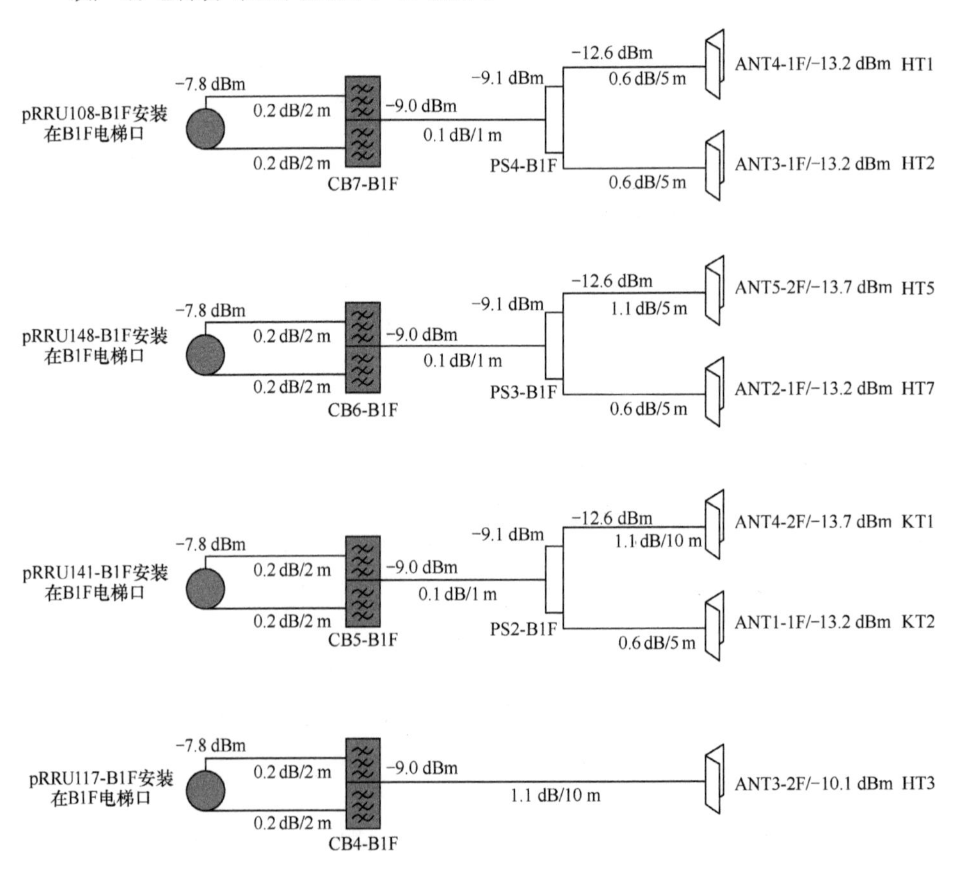

图 6-13　XX 广场电梯分布组网图

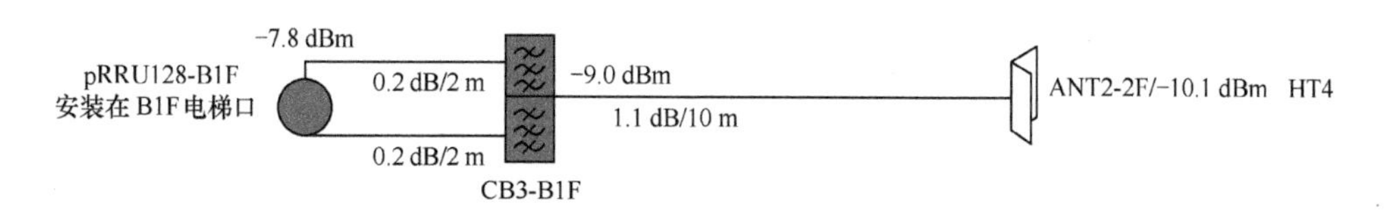

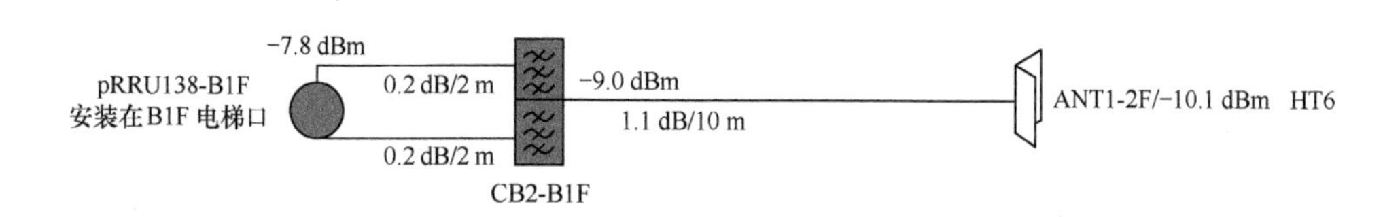

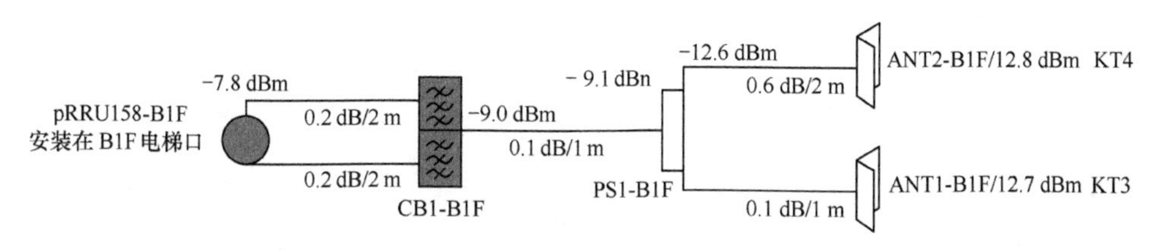

图 6-13　XX 广场电梯分布组网图（续）

（3）频率及小区规划。

整栋楼配置 C 网+ L 网 2.1G，L 网 2.1G 共 20 MHz 带宽，一共配置 5 个小区；C 网共配置 2 台 RRU，每台 RRU 的 1X 各配置 2 载波，满足语音覆盖需求；后期可根据业务量需求在后台灵活调整小区的数量。

（4）现场设备照片。

现场施工情况如图 6-14 所示。

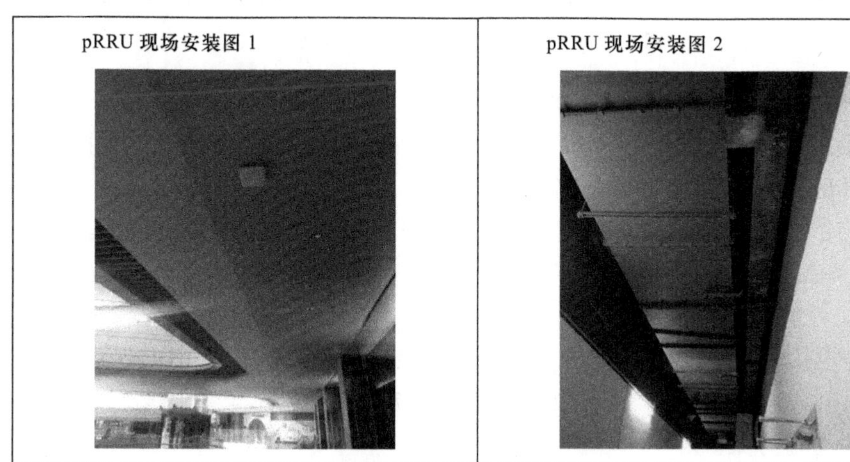

图 6-14　XX 广场现场实施图

6.5.6 学校覆盖解决方案

1. **覆盖范围**

学校的覆盖范围应包括室外区域和室内区域两部分。其中，室外区域包括道路、广场、操场、室外运动区域，室内区域包括办公楼、教学楼、食堂、图书馆、体育馆、宿舍楼、大礼堂等。

2. **设计要点**

学校 4G 网络采用室外站+瓦级小站+有源分布系统的立体解决方案。宏站满足校园区的广域覆盖，微站及有源室分实现室内深度覆盖，吸收业务量，满足大容量要求，具体如图 6-15 所示。

图 6-15 XX 学校立体解决方案示意图

室外区域（道路、广场、操场、室外运动区域）原则上采用室外宏站覆盖。

办公楼、教学楼、食堂，原则上采用有源分布系统+楼顶天线定向照射室内，局部区域可采用瓦级小站进行覆盖。

图书馆、体育馆、宿舍楼、大礼堂，原则上采用有源分布系统覆盖。

3. **典型案例**

（1）背景介绍。

某学校共 6 栋楼，包括 1 栋（5 层）行政楼、两部电梯、1 栋（4 层）宿舍楼、4 栋（4 层）教学楼。行政楼单层面积为 700 m^2。

（2）覆盖方案。

该学校地下室及办公区域楼层电梯使用 Lampsite 系统的内置天线型 pRRU

进行覆盖，其余区域通过室外站信号覆盖。有源室分共部署 BBU 1 台、RHUB 3 台、pRRU 18 台。地下室 B2F 和 B1F 共使用 8 台 pRRU、楼层使用 6 台 pRRU、两部电梯共使用 4 台 pRRU 覆盖，每台 pRRU 覆盖 3～4 层电梯井。

该学校办公楼楼层 pRRU 点位分布图如图 6-16 所示。

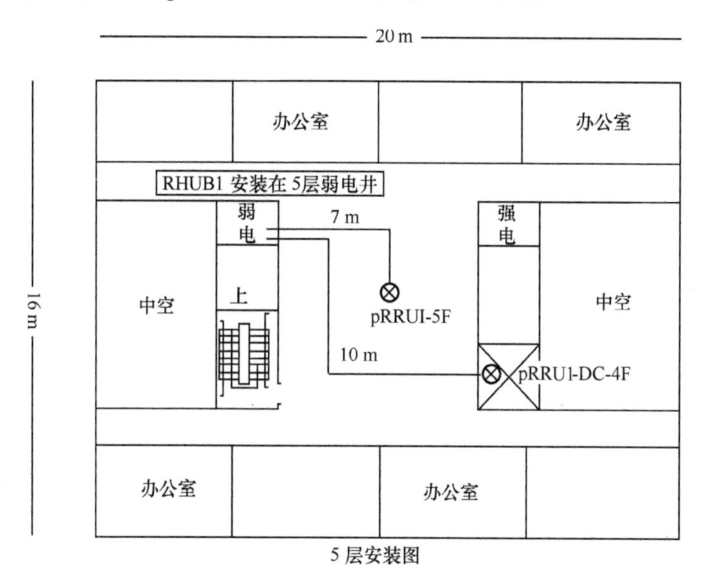

图 6-16　XX 学校办公楼楼层 pRRU 点位分布图

（3）频率及小区规划。

站点采用 2.1 GHz 频段 20 MHz 带宽，同频组网。由于站点较小，用户数较少，整个站点规划为 1 个小区。若后期用户数激增，可后台规划为多个小区，操作灵活方便。

（4）现场设备照片。

现场施工情况如图 6-17 所示。

pHUB 安装图

图 6-17　XX 学校现场设备图

6.5.7 电梯场景覆盖方案

1. 远端单元+定向天线覆盖

远端单元外接天线覆盖电梯，适用射频输出功率为 100 mW 及以上且可外接天线的远端设备。

考虑馈线的损耗及设备维护的方便性，建议远端单元在电梯厅吸顶安装或在弱电井、机房内挂墙安装。

外接壁挂天线，天线主瓣方向朝向电梯厅，覆盖电梯井。

不劈裂时，单个 pRRU 建议外接两副壁挂天线，每副天线覆盖 3 ~ 5 层（根据单层楼高情况决定单副天线覆盖楼层数），劈裂为 1T1R 时，单个 pRRU 的两个发射/接收通道可分别接不同天线，每个通道建议外接两副壁挂天线，每副天线覆盖 3 ~ 5 层（根据单层楼高情况决定单副天线覆盖的楼层数）。

远端+定向天线覆盖设备安装如图 6-18 所示。

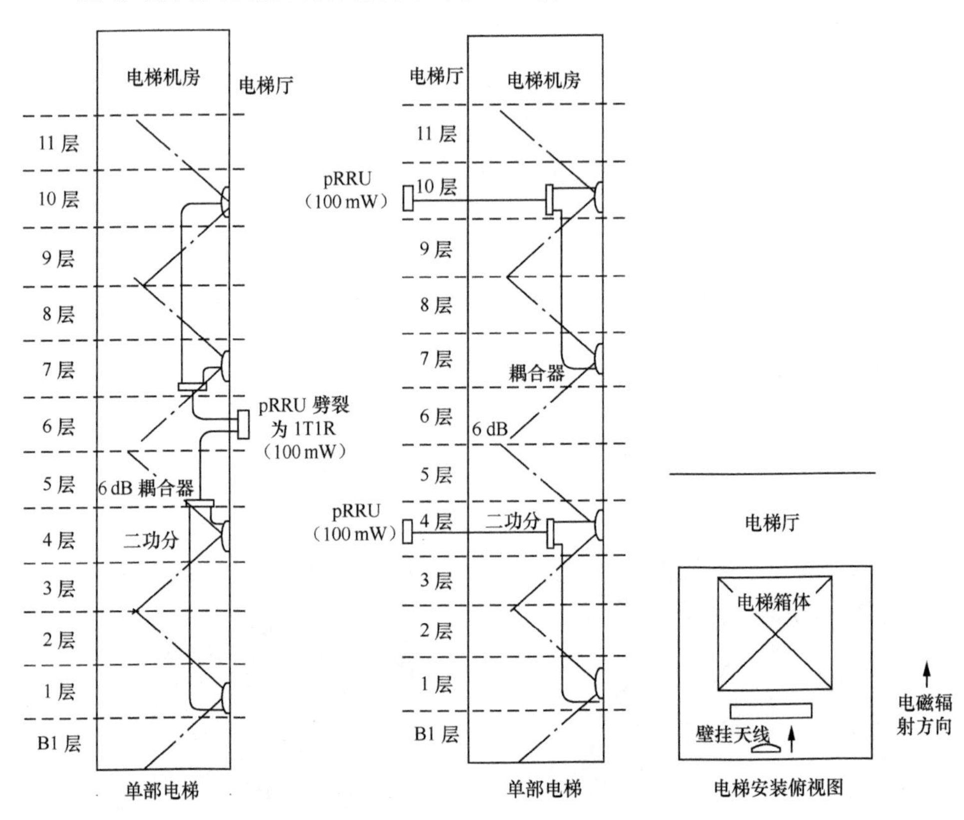

图 6-18 远端+定向天线覆盖设备安装示意图

现场施工情况如图 6-19 所示。

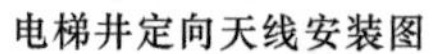

外接型 pRRU 安装图

图 6-19　电梯远端+定向天线施工设备图

远端单元+定向天线覆盖电梯方案是由传统的无源室分覆盖电梯方案直接演进的，施工工艺成熟，协调物业较方便，但设备、天线需求量大，施工工程量大，建设周期长。

2. 电梯有源随厢覆盖方案

在有源分布系统的建设中，电梯除了可采用远端覆盖单元外接壁挂天线/对数周期天线进行覆盖之外，还可以采用有源随厢覆盖方案。

有源随厢覆盖方案 pRRU 安装于电梯轿厢顶，使用内置天线型 pRRU 向下覆盖电梯轿厢。RHUB 建议安装于靠近电梯的弱电间或者电梯机房，再通过专用网线或光电混合缆连接内置天线型 pRRU。电梯有源随厢覆盖方案设备安装如图 6-20 所示。

（1）设计要点。

电梯随箱方案设计最重要的是保证安全，要关注以下几点：

- 线缆选型，要选取电梯专用的随行网线；
- 安装时要与电梯工沟通，做好线缆捆扎固定；
- 勘测时确认电梯随行电缆悬挂方式及进线位置，设计合适的线缆长度，避免过长或者过短；
- 超高速电梯（速度超过 4 m/s）应与电梯公司沟通，提前把网线/光纤预装在电梯随行电缆中，防止线缆松动引起事故；
- 设计时需要与物业和电梯公司沟通方案，征得对方允许；
- 施工时对线缆固定一定要谨慎施工，确保安全。

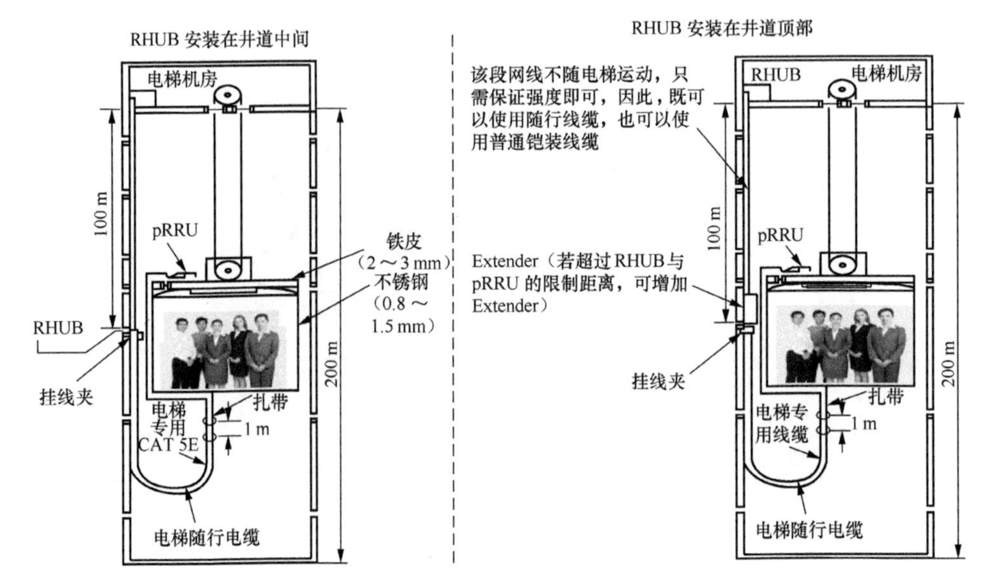

图 6-20 电梯有源随厢覆盖方案设备安装示意图

（2）方案优点。

- 每部电梯只需要一台 pRRU 覆盖，去除了馈线及大量无源器件，节约了投资成本；
- 设备安装靠近用户，降低信号损耗，用户体验得到较大提升；
- 真正实现了分布有源化，充分发挥有源系统的优势；
- 只需布放单根网线与单个 pRRU，降低了施工的复杂性；
- pRRU 安装在箱体顶部，拆卸更换简单。

（3）现场实施照片。

现场施工情况如图 6-21 所示。

• 网线布放路由

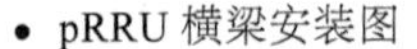

• pRRU 横梁安装图

图 6-21 电梯有源随厢覆盖施工设备图

• 电梯井内线缆布放图

• pRRU 安装位置示意图

图 6-21 电梯有源随厢覆盖施工设备图（续）

3. 一体化小基站覆盖电梯方案

一体化小基站是一种部署灵活快速、建设成本较低的 4G 室内分布解决方案。利用一体化小基站外接高增益天线的方式，可快速解决电梯信号弱的问题，节约建设成本。

一体化小基站（企业级）采用电信宽带作为回传网络，回传到 LTE 网关，小基站建议挂墙安装在弱电井或机房内，通过馈线及无源器件外接高增益定向天线。高增益定向天线建议安装在电梯井顶部天花上，一面天线可覆盖 30 层楼左右，一个一体化小基站建议外接两面高增益天线。详细方案如图 6-22、图 6-23 和图 6-24 所示。

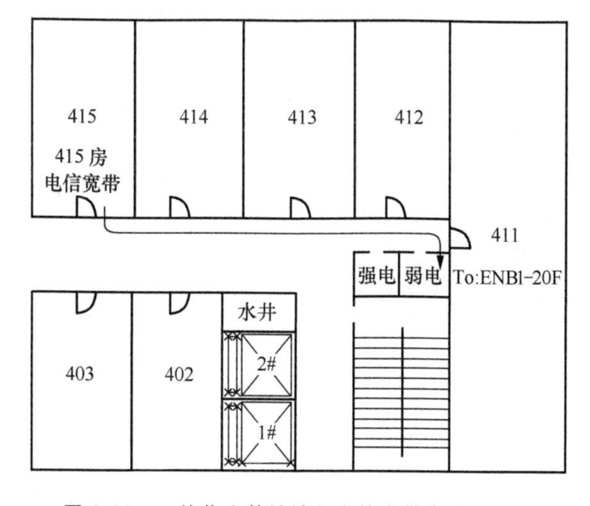

图 6-22 一体化小基站接入电信宽带安装示意图

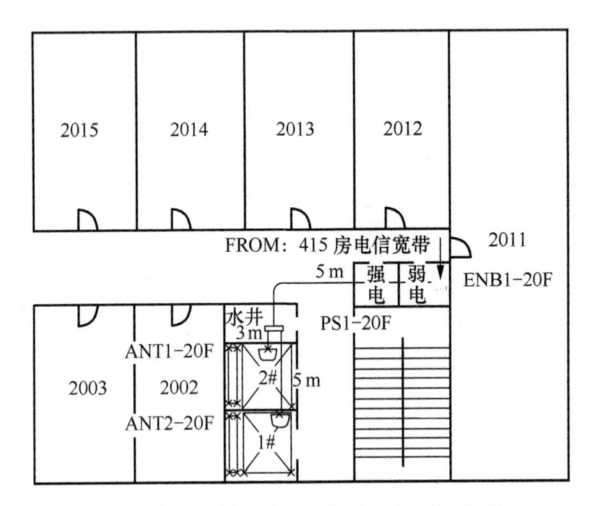

图 6-23　一体化小基站外接高增益定向天线安装示意图

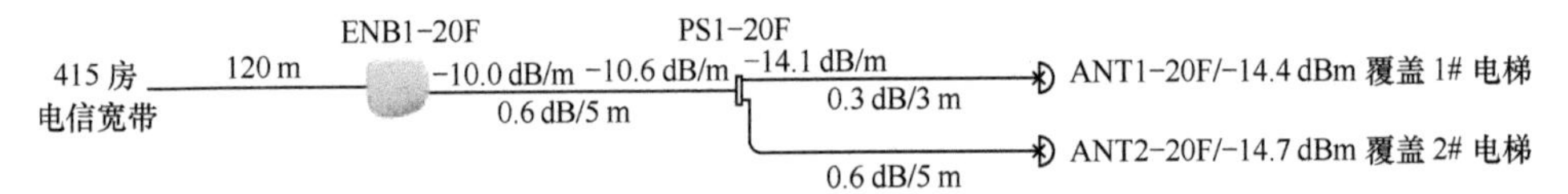

图 6-24　一体化小基站覆盖电梯原理图

（1）现场设备照片。

现场施工情况如图 6-25 所示。

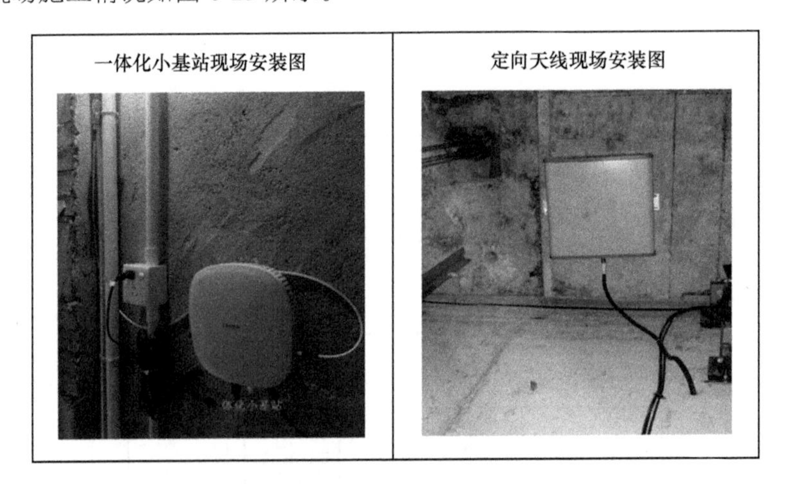

图 6-25　一体化小基站现场施工图

（2）应用总结及建议。

- 一体化小基站采用电信宽带作为回传网络，无须新建光缆，大大缩减了建设周期。

- 一体化小基站+高增益定向天线的模式覆盖能力强、范围广，一台小基站外接两面天线即可覆盖两部 30 层以内的电梯，安装工程量、设备及材料数量远远小于传统电梯覆盖方案，建设周期短，安装简单方便，且节约建设成本；
- 目前，一体化小基站只支持 LTE 1.8G 和 LTE 2.1G，利用一体化小基站覆盖电梯只能解决 LTE 的信号覆盖问题，不能同时引入 C 网信号，需要根据站点的实际需求考虑是否采用一体化小基站覆盖电梯。

6.6　特殊场景下有源分布系统分阶段部署建议

部分楼宇装修、建筑施工周期长、尚未投入使用，但有源分布系统所需的网线、少量馈线及天线等需要提前进入，与楼宇装修建筑施工同步实施。针对这类特殊场景，为了快速部署分布系统、减少投资沉淀、加快项目的收尾工作，同时兼顾物业的建设周期，建议根据楼宇装修的进度分阶段部署有源分布系统，管控原则如下。

（1）有源分布系统所需的网线、少量馈线及天线（简称线缆部分），在楼宇投入使用前根据楼宇的装修进度可先部署线缆部分，待物业具备开业/运营的条件时再部署远端设备等有源设备及相关的线缆（简称有源部分）。

（2）此类特殊场景，需要分别按线缆部分和有源部分，以站点新建类型分别进行规划、立项、物业协谈、建设实施、验收、交维，并根据相关的概预算取费分开结算。

第7章 5G网络仿真

仿真是网络规划流程的重要组成部分。通过网络规划仿真，利用系统仿真软件可跟踪网络过程，输出多达几十种网络性能指标，使运营商能全面、透彻地了解网络运营质量，从而有针对性地开展优化工作。本章简要对比静态仿真和动态仿真的差别和优势，介绍5G仿真软件Atoll的界面、配置及参数设置，通过仿真案例详细介绍5G网络仿真的流程及结果。

7.1 无线信号传播基础

7.1.1 无线信号传播特性

无线通信是利用电磁波信号在自由空间传播来传送信息的，电磁波在传播过程中存在 4 种状态：直射、反射、衍射和散射。

直射：电磁波在自由空间中的传播。

反射：当电磁波遇到比波长大很多的物体时，发生反射，反射一般在地球表面、建筑物、墙壁表面发生。

衍射：旧称绕射，是指电磁波传播路径上存在体积小于波长的物体时，电磁波绕过该物体继续传播的过程。衍射常在小物体或物体边缘发生。

散射：当无线路径中存在小于波长的物体并且单位体积内这种障碍物体的数量较多时发生散射。散射发生在粗糙表面、小物体或其他不规则物体上，一般地，树叶、灯柱等会引起散射。

7.1.2　无线传播环境

电磁波传播受地形结构和人为环境的影响，无线传播环境直接决定传播模型的选取。

影响无线传播环境的主要因素包括以下几个。

（1）地形（高山、丘陵、平原、水域）。

（2）人工建筑的数量、分布、材料特性（人为环境：市区、郊区、乡镇、农村等）。

（3）区域植被特征。

（4）天气状况。

（5）自然和人为的电磁噪声状况。

7.1.3　无线信道分析

基站天线和移动终端天线之间的传播路径，称之为无线信道。地理环境的复杂性和多样性、用户移动的随机性和多径传播都赋予无线信道复杂多变的特点，因此，无线信道是制约移动通信质量的主要因素，且无线信道的建模对整个移动通信系统仿真的正确性和可靠性有着举足轻重的意义。

7.2　仿真

无线网络规划对于运营商网络建设具有指导性的意义，好的规划能成功地在网络覆盖、容量、质量及建网成本间取得良好的平衡，辅助运营商在网络建设和升级扩容阶段采取最佳的实施方案，实现其建网效益的最大化。

规划仿真是网络规划流程的重要组成部分。通过网络规划仿真，利用系统仿真软件可跟踪网络过程，输出多达几十种网络性能指标，使运营商能全面、透彻地了解网络运营质量，从而有针对性地开展优化工作。

通过网络仿真可以获得所规划网络的部分重要性能参数，如信号接收强度、信干噪比、最佳服务小区等，对实际组网有着重要的指导和借鉴作用。

系统仿真是从整个系统（包括多个小区和大量用户）的角度分析系统的覆盖、容量和系统的性能，对于系统的参数设置给予定量分析，为无线网络的规划优化提供依据。一般来说，系统仿真方法有两种，分别为静态仿真和动态仿真。

7.2.1 静态仿真

静态仿真即 3GPP 中定义的 Snapshot（快照）仿真，其特点是激活 UE 与小区的连接关系固定。

静态仿真的基本思想就是分析一些相对独立的网络状态，例如，根据网络和业务特征确定的不同的业务分布，每个网络状态的生成和分析称为一个循环。如图 7-1 所示，每个循环包括几个步骤：首先根据特定业务特征生成快照，随后对快照进行分析，即根据快照中的业务分布分析网络状态。综合多幅相对独立的快照的分析结果给出统计的分析结果。

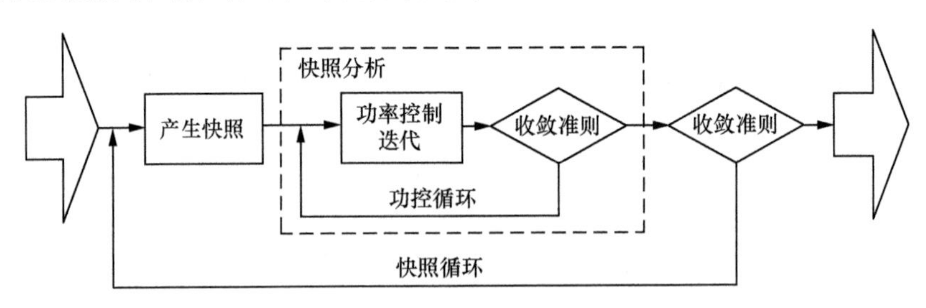

图 7-1 静态仿真过程

7.2.2 动态仿真

动态仿真是一种通过在连续时间上模拟移动台在网络中的状态来进行网络分析的方法，如图 7-2 所示。仿真的时间可以细化到比特阶段。

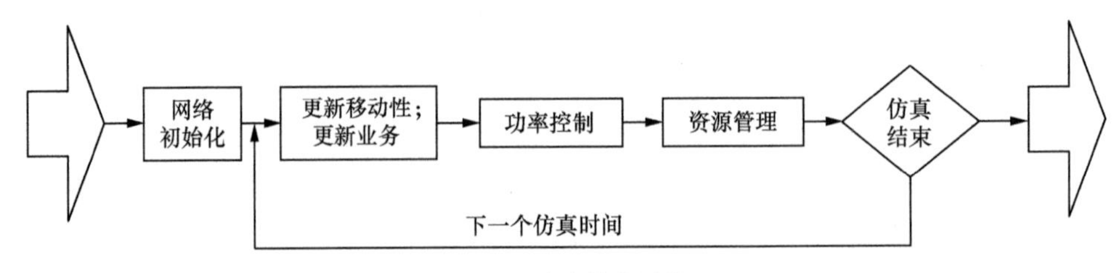

图 7-2 动态仿真过程

动态仿真包括时间驱动型和事件驱动型，事件驱动型仿真中的驱动事件包括移动台的事件以及一部分控制事件，它们是一系列随机事件，包括新用户产生、激活的用户中止业务、用户状态变化、信噪比变化、上行或下行业务质量的变化、移动用户的位置变化（用户的位移超过一定的距离）等。

动态仿真可以较精准地评估网络性能，局限是仿真速度。

7.2.3　仿真方法选择

静态仿真和动态仿真的区别如表7-1、表7-2所示，实际工作中应根据需要选择适当的仿真方法。

表7-1　仿真方法的过程比较

仿真的特性	静态仿真	动态仿真
仿真时间	随机生成的快照没有瞬时变化阶段，重复进行快照仿真	由空状态开始仿真，有多个瞬时变化阶段，但需要较长的仿真时间
功率控制	只考虑功率控制的平均影响	功率控制的仿真
过程细节	不考虑控制指令，没有数据分组的仿真，没有考虑数据重传	仿真部分控制指令，数据分组的仿真包括数据分组重传
移动性	用户的位置由矩阵点位置确定	精确的用户位置，在驱动事件发生时，更新位置

表7-2　网络分析方法的性能比较

方法	静态仿真	时间驱动	事件驱动
准确性	比较准确	十分精确	比较准确
复杂性	比较难以设定，结果比较复杂	难以分析结果	比较复杂
运行时间	依赖于移动台和小区的数量，花费时间中等	时间较长	依赖移动台和小区数量，以及业务类型，较静态仿真时间长

静态仿真一般假设所有的用户终端都处于激活状态，并且都分配到了网络资源。

7.3　5G网络仿真的软件可视化

仿真软件是辅助预测网络的工具，4G网络采用Forsk公司的仿真软件Atoll进行静态分析的预测分析，仿真结果得到本地运营商的一致认可，因此，5G网络继续沿用Atoll进行仿真预测。

Atoll 5G NR 与 Atoll LTE 充分整合，与 Atoll LTE 具有统一的网络建模、统一的天线和无线设备模型、统一的话务模型和网络参数，Forsk 提供专门的工具升级现有工程到新的 5G 数据结构。

Atoll 5G NR 界面如图 7-3 所示，除了一个 Transmitter（扇区级）可以带一个或多个无线接入技术及相关参数的 Cells（小区级），其他与 Atoll LTE 界面基本一致。

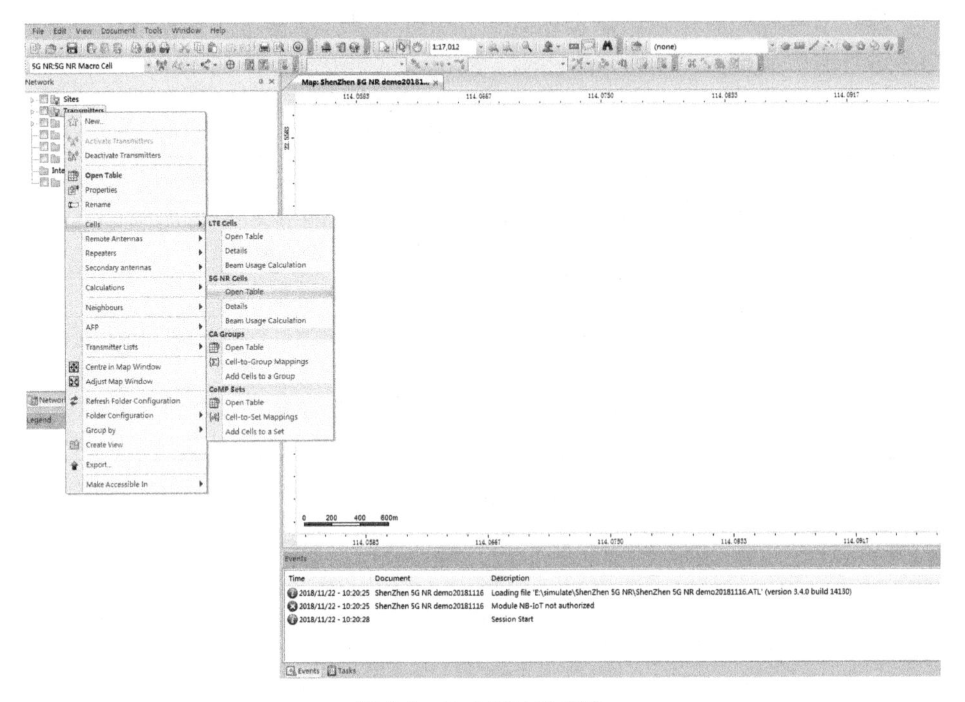

图 7-3 Atoll 5G NR 界面

7.3.1 Atoll 5G NR 功能

（1）支持 mmWave 和 sub-6 GHz TDD、FDD、SUL 和 SDL 频段，载波带宽支持 5～400 MHz，如图 7-4 所示。

（2）网络建模：支持多层网络部署；支持 SA（独立组网）和 NSA（非独立组网）部署；支持带内和跨频段载波聚合；支持跨技术聚合；支持 5G NR+LTE 双连接。

（3）支持先进的 3D 波束成形和 Massive MIMO 模拟。

（4）提供覆盖预测（如图 7-5 所示）。

① 最佳小区和最佳波束覆盖图；

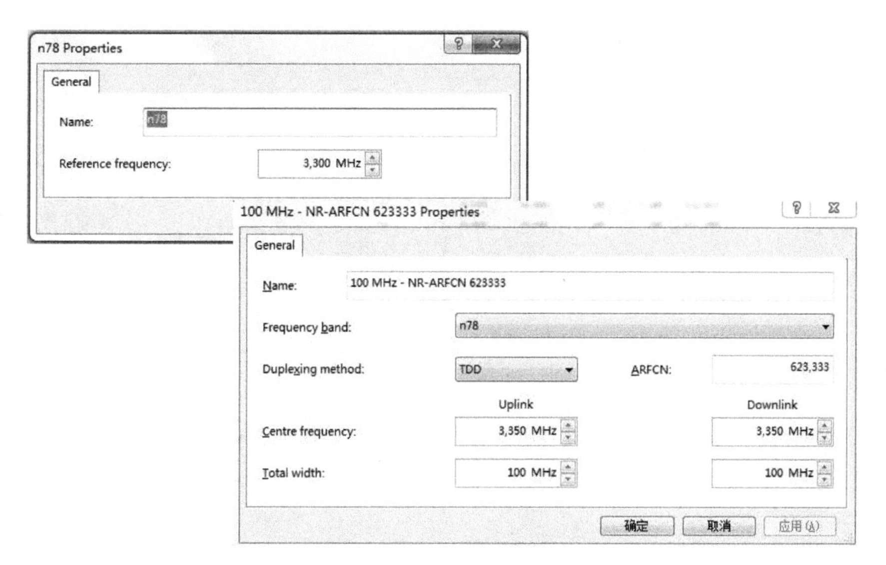

图 7-4　频段载波配置图

② 小区和网络覆盖分析；
③ 网内和网间干扰分析；
④ 下行和上行业务区域；
⑤ 网络服务区域；
⑥ 下行和上行吞吐量。

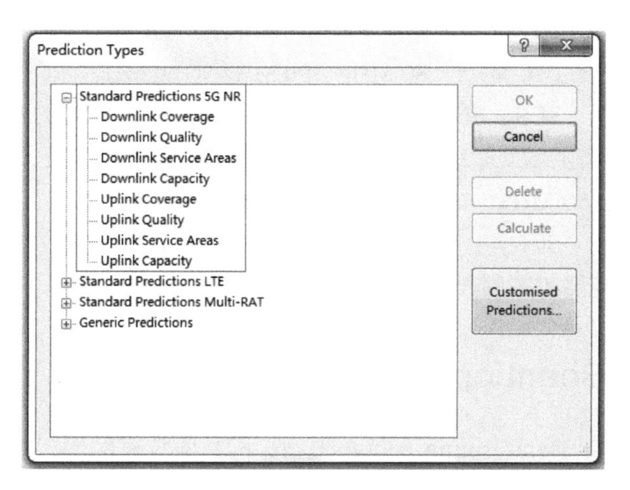

图 7-5　覆盖预测指标

（5）支持自动小区规划（ACP，Automatic Cell Planning）、自动资源规划（AFP，Automatic Frequency Planning），如图 7-6 所示。

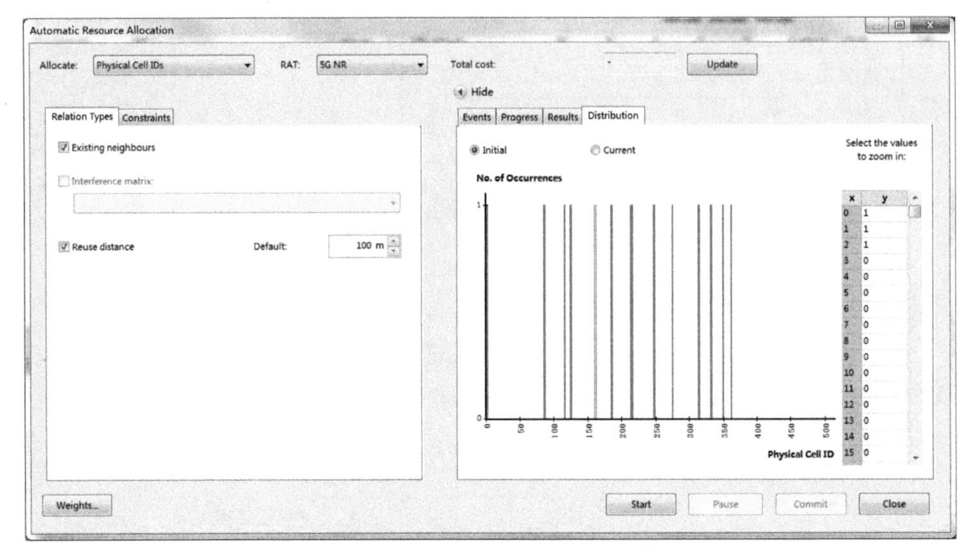

图 7-6　自动小区规划（ACP）

7.3.2　Atoll 5G NR 网络参数

（1）频谱。

① 支持频谱范围 1（450 ~ 6 000 MHz）的频段和载波

载波带宽：5 MHz、10 MHz、15 MHz、20 MHz、25 MHz、30 MHz、40 MHz、50 MHz、60 MHz、70 MHz、80 MHz、90 MHz、100 MHz。

子载波间隔（SCS，Sub Carrier Spacing）：15 kHz、30 kHz、60 kHz。

② 支持频谱范围 2（24 250 ~ 52 600 MHz）的频段和载波

载波带宽：50 MHz、100 MHz、200 MHz、400 MHz。

子载波间隔（SCS）：60 kHz、120 kHz、240 kHz。

（2）支持多层和多频段 5G NR 网络。

7.3.3　3D Beamforming

Atoll 5G 3D Beamforming 支持水平面和垂直面波束赋形，如图 7-7 所示，可以从一系列预设波束中选择最佳波束，并且动态地计算最佳波束。

Atoll 5G 3D Beamforming 物理天线模型中包含每行天线阵元数量、每列天线阵元、阵元极化方式、水平和垂直的阵元间隔、运行频率范围等。

Atoll 5G 3D Beamforming 模型能够定义可以生成的所有波束，可以导入不同厂家提供的波束波瓣图,可以基于天线的物理特性和逻辑配置自动生成波束。

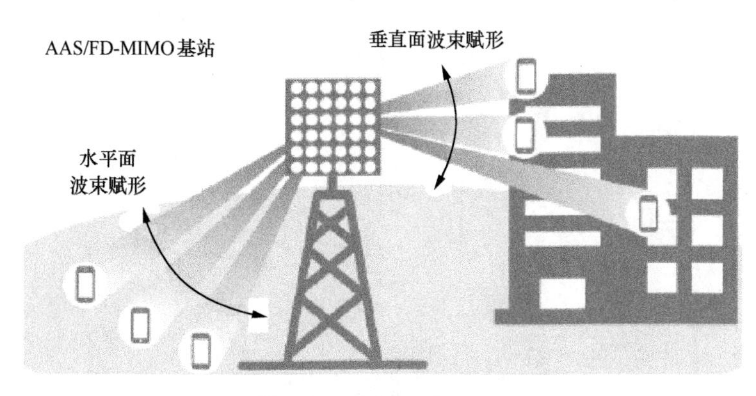

图 7-7　3D Beamforming

Atoll 5G 3D Beamforming 的计算分两个方面，一方面对来自服务小区的有用信号的波束成形，从一个 3D Beamforming 天线设备的所有可用波束中选择最佳波束；另一方面对每个波束所产生的干扰根据波束使用率进行加权，基于小区覆盖面积或话务计算波束使用率。

7.4　5G 软件仿真案例介绍

5G 与传统 3G/4G 相比,网络将更加复杂和立体,同时,随着 Massive MIMO 天线、复杂天线赋形技术的出现，多径建模的重要性凸显，缺乏多径小尺度信息，将很难保证网络规划的准确性。因此，基于高精度电子地图和具备多径建模的射线追踪传播模型在 5G 网络规划中具有不可替代的作用和地位。

本次仿真案例采用 Forsk 公司的仿真软件 Atoll，版本为 Atoll 3.4.0.14130 64-bit；硬件配置为 Windows 7/ 16G 内存/Intel(R)Xeon(R)CPU E5-1620 v2；电子地图选用 5 m 高精度地图，投影带为 WGS84/UTM ZONE 49N；传播模型选用 Orange Lab 公司的 CrossWave 三维射线跟踪模型。

7.4.1　站点分布

本次仿真选取某市中心城区站点，周边楼宇密集、楼层较高、人流量大，属密集城区环境。26 个定向站，站间距 400 m 左右，站点分布图如图 7-8 所示。

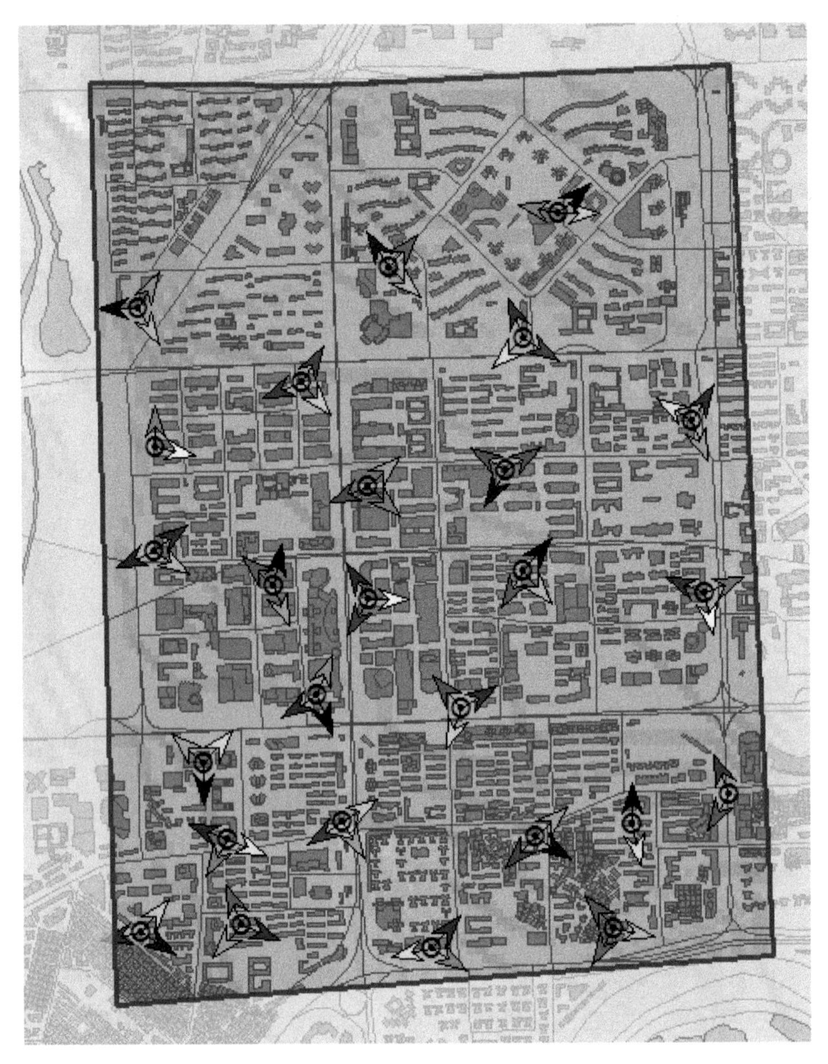

图 7-8　站点分布

站点工参如表 7-3 所示。

表 7-3　站点工参

站名	小区名	站高（m）	方向角	下倾角
site1	site1_1	21	50°	11°
site1	site1_2	21	90°	5°
site1	site1_3	21	280°	6°
site2	site2_1	33	110°	12°

（续表）

站名	小区名	站高（m）	方向角	下倾角
site2	site2_2	33	220°	12°
site2	site2_3	33	340°	12°
site3	site3_1	75	40°	19°
site3	site3_2	75	180°	19°
site3	site3_3	75	310°	19°
site4	site4_1	31	10°	12°
site4	site4_2	31	160°	14°
site4	site4_3	31	310°	18°
site5	site5_1	54.1	70°	20°
site5	site5_2	54.1	170°	18°
site5	site5_3	54.1	290°	18°
site6	site6_1	29	40°	10°
site6	site6_2	27	120°	11°
site6	site6_3	29	260°	10°
site7	site7_1	51	55°	19°
site7	site7_2	51	120°	16°
site7	site7_3	51	250°	17°
site8	site8_1	66	40°	15°
site8	site8_2	66	120°	15°
site8	site8_3	66	260°	20°
site9	site9_1	18	60°	17°
site9	site9_2	18	200°	14°
site9	site9_3	18	320°	14°
site10	site10_1	36	20°	10°
site10	site10_2	36	160°	10°
site10	site10_3	36	240°	10°
site11	site11_1	24	120°	11°
site11	site11_2	24	230°	11°
site11	site11_3	27	340°	11°
site12	site12_1	27	30°	14°
site12	site12_2	23	140°	17°

（续表）

站名	小区名	站高（m）	方向角	下倾角
site12	site12_3	23	250°	16°
site13	site13_1	34	100°	8°
site13	site13_2	34	210°	6°
site13	site13_3	34	320°	10°
site14	site14_1	24	50°	12°
site14	site14_2	27	130°	12°
site14	site14_3	24	250°	14°
site15	site15_1	16	0°	12°
site15	site15_2	16	170°	8°
site16	site16_1	27	50°	15°
site16	site16_2	27	120°	17°
site16	site16_3	27	225°	11°
site17	site17_1	75	210°	11°
site17	site17_2	75	340°	8°
site18	site18_1	30	60°	9°
site18	site18_2	30	150°	12°
site18	site18_3	30	240°	7°
site19	site19_1	39	30°	12°
site19	site19_2	39	160°	12°
site19	site19_3	39	300°	12°
site20	site20_1	27	0°	10°
site20	site20_2	27	100°	10°
site21	site21_1	36	90°	6°
site21	site21_2	33	210°	6°
site21	site21_3	33	330°	6°
site22	site22_1	27	110°	11°
site22	site22_2	27	210°	11°
site22	site22_3	27	290°	11°
site23	site23_1	93	40°	18°
site23	site23_2	93	130°	18°
site23	site23_3	93	330°	18°

（续表）

站名	小区名	站高（m）	方向角	下倾角
site24	site24_1	30	40°	14°
site24	site24_2	30	140°	18°
site24	site24_3	30	210°	13°
site25	site25_1	25	60°	8°
site25	site25_2	25	210°	8°
site25	site25_3	25	300°	8°
site26	site26_1	39.8	30°	20°
site26	site26_2	35.8	150°	17°
site26	site26_3	39.8	270°	20°

7.4.2　天线参数

天线型号选用 Massive MIMO 天线，天线参数如图 7-9 所示。

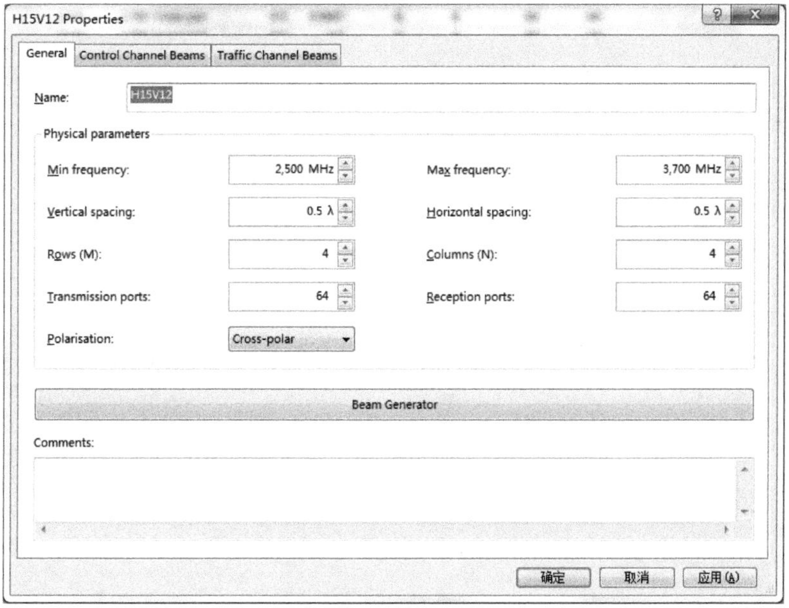

H15V12 Properties

General | Control Channel Beams | Traffic Channel Beams

Name: H15V12

Physical parameters

Min frequency: 2,500 MHz　　Max frequency: 3,700 MHz

Vertical spacing: 0.5 λ　　Horizontal spacing: 0.5 λ

Rows (M): 4　　Columns (N): 4

Transmission ports: 64　　Reception ports: 64

Polarisation: Cross-polar

Beam Generator

Comments:

确定　取消　应用(A)

图 7-9　天线参数

控制信道天线波形图如图 7-10 所示。

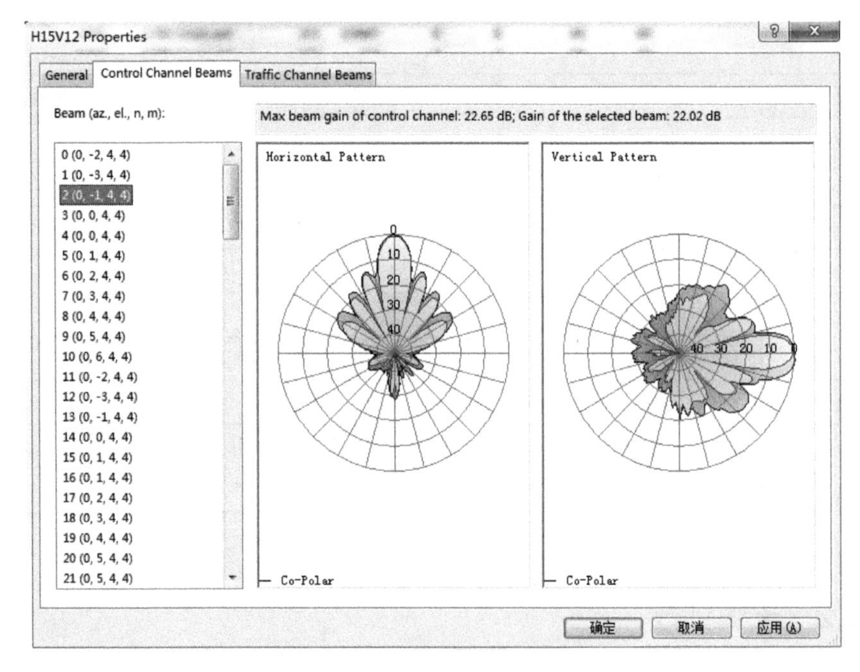

图 7-10　控制信道天线波形图

业务信道天线波形图如图 7-11 所示。

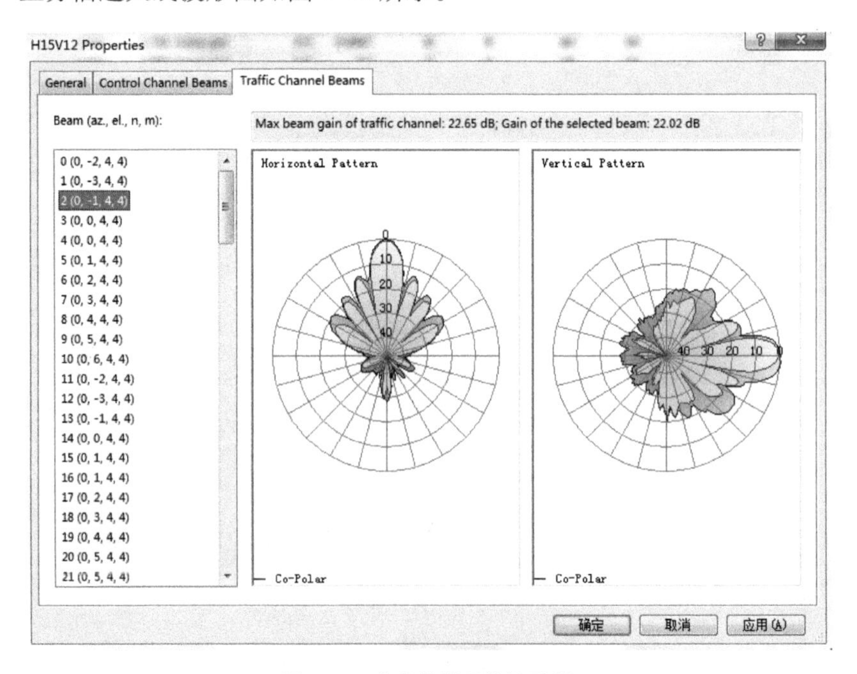

图 7-11　业务信道天线波形图

7.4.3　仿真流程

使用Atoll进行5G NR仿真的流程如下。

1. **新建工程**

仿真前需要新建工程，路径为“File→New→from a document template”，从跳出工程模板中选择“5G NR LTE”确认后工程创建成功。

打开已有工程，路径为“File→open”，选择相应工程，如图7-12所示。Atoll仿真工程文件后缀为“.ATL”。

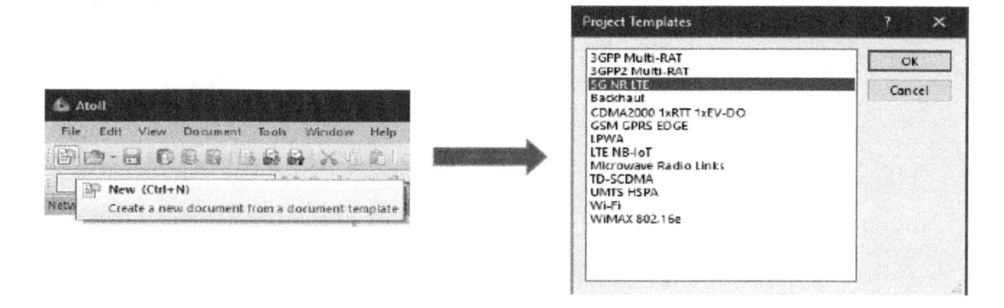

图7-12　新建工程1

可以创建一个只包含5G的工程，也可以创建一个5G NR+LTE的工程，或者创建一个5G NR+LTE+NB IoT的工程，如图7-13所示。

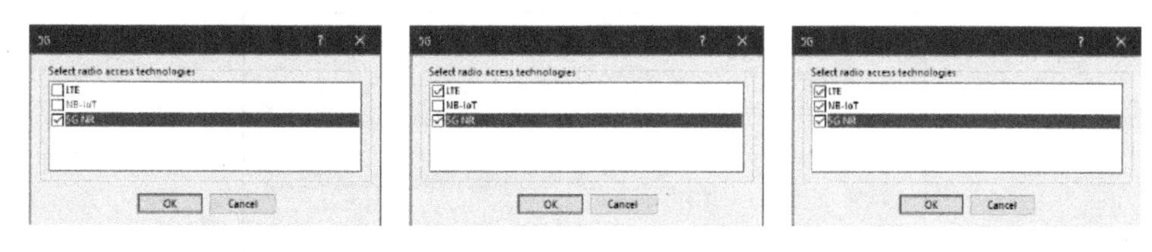

图7-13　新建工程2

2. **设置投影方式和投影带**

导入地图之前需要先确定电子地图投影方式和投影带，每个电子地图都会包括“clutter”“heights”“text”“vector”，用记事本打开“heights”下的“projection”，可知信息坐标系为WGS 84，投影代号为49N，如图7-14所示。

点击“Document”下“Properties”，在“Projection”与“Display”选取对应的投影方式与投影带，如图7-15所示。

并选取坐标系“xx.xxxxS”，如图7-16所示。

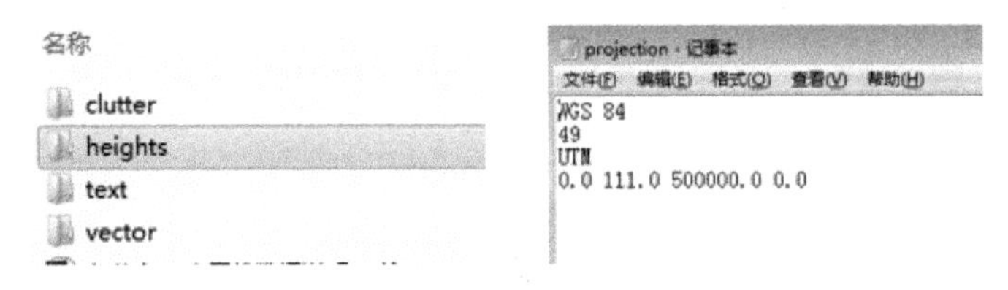

图 7-14　电子地图投影带

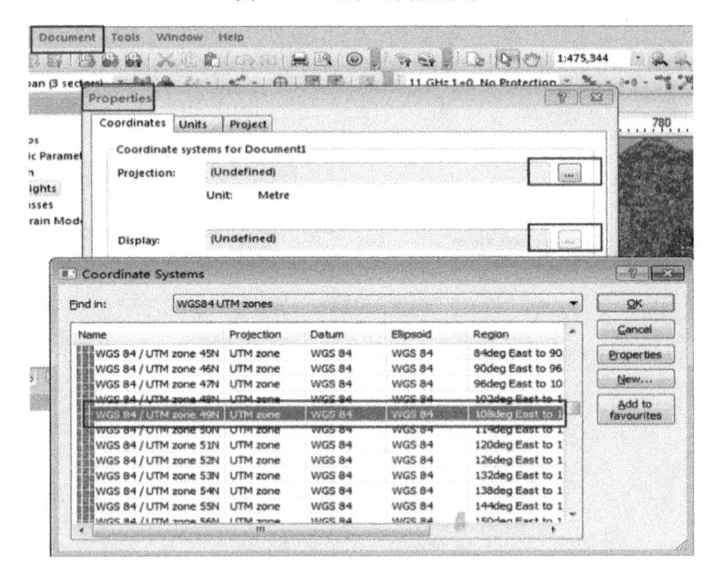

图 7-15　设置电子地图投影带

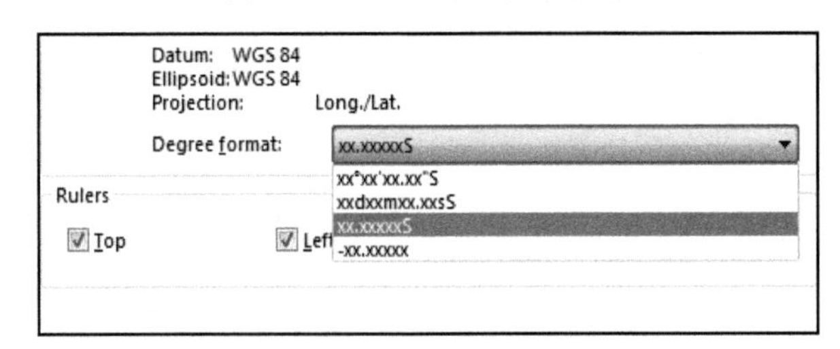

图 7-16　设置电子地图坐标系

3. **导入地图**

点击“File→Import”把“clutter” “height”和“vector”文件夹下面的“index”文件分别导入，次序不限。导入时注意选择对应的数据种类，如图 7-17 所示，导入“clutter”时数据种类选择“clutter classes”，导入“height”时数据种类选择“Altitudes”，导入“vector”时选择“vectors”。图中的“embed”选项表示是否将地图嵌入工程，如果嵌入，工程无论转移到哪台机器上打开都不需要地图。

4. 设置传播模型

Atoll仿真软件支持多种传播模型设置，具体如图7-18所示。比较常用的传播模型有标准传播模型SPM和射线跟踪模型两种。

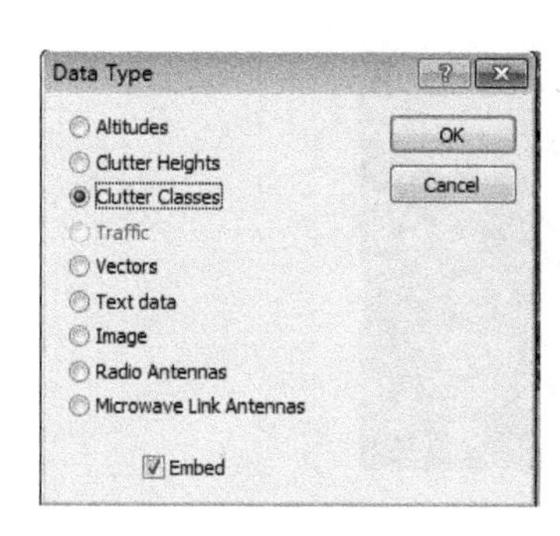

图7-17　导入电子地图

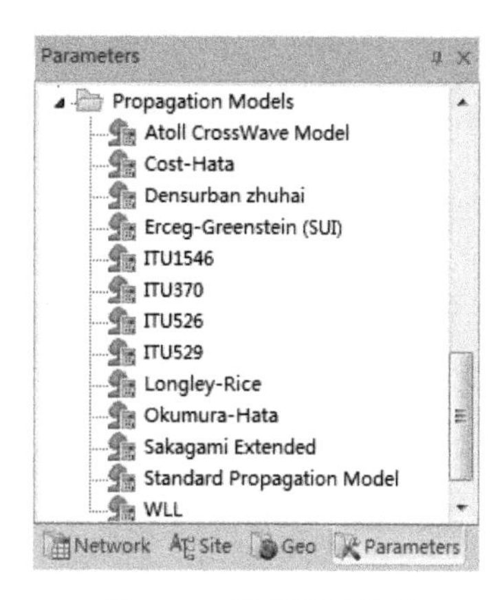

图7-18　设置传播模型

本次仿真选用射线跟踪模型（Cross Wave模型），如图7-19所示。

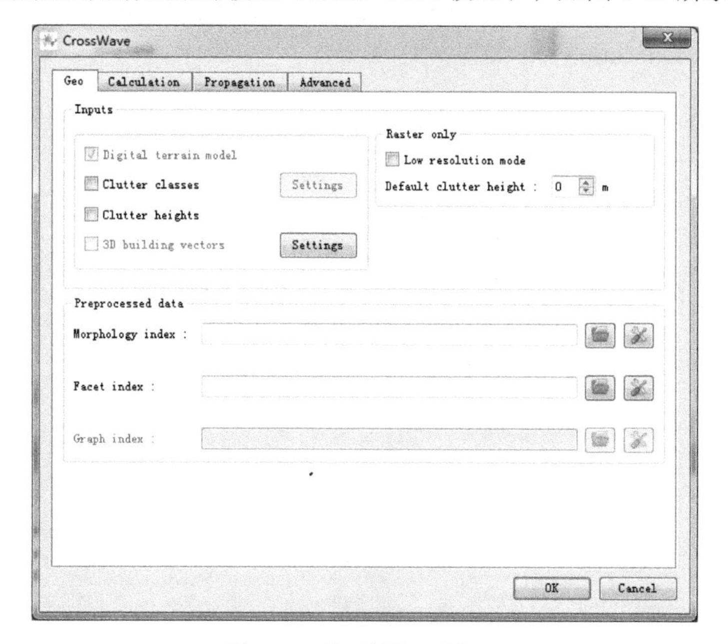

图7-19　设置射线跟踪模型

5. 导入工参

依据Atoll提供的模板，制作好工参信息表，依次导入“Site”“Transmitters”、“Cell”3张表格信息，如图7-20所示。也可以打开软件表格，依据表头依次复制粘贴所需信息。

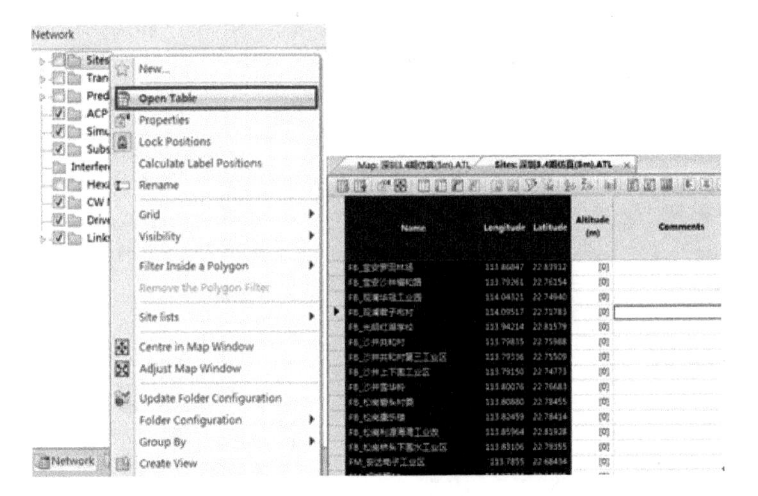

图 7-20　导入工参

6. 邻区分配与 PCI 规划

右键单击“Network”下“Transmitters”，选择“Neighbours→Intra-technology→Automatic Allocation”，如图 7-21 所示。

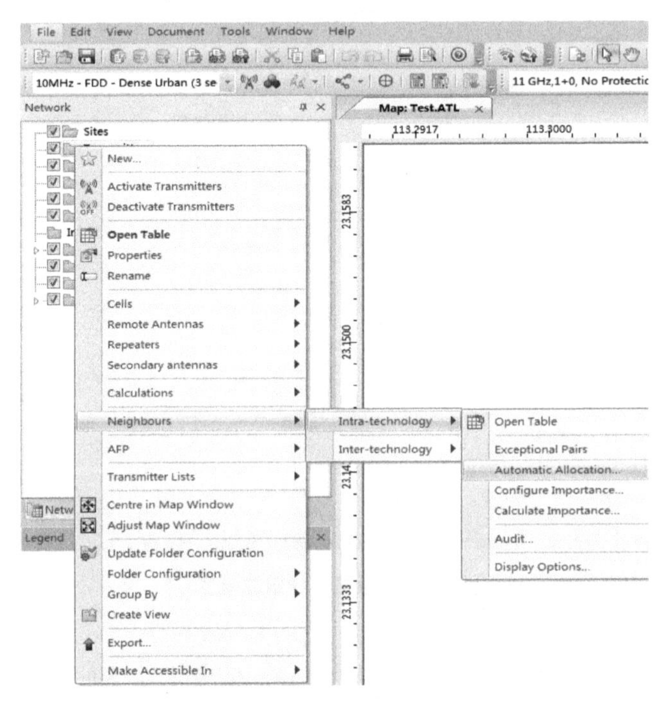

图 7-21　自动邻区分配

在弹出的属性对话框中设置邻区分配的条件，然后按“Calculate”开始计算，如图 7-22 所示。

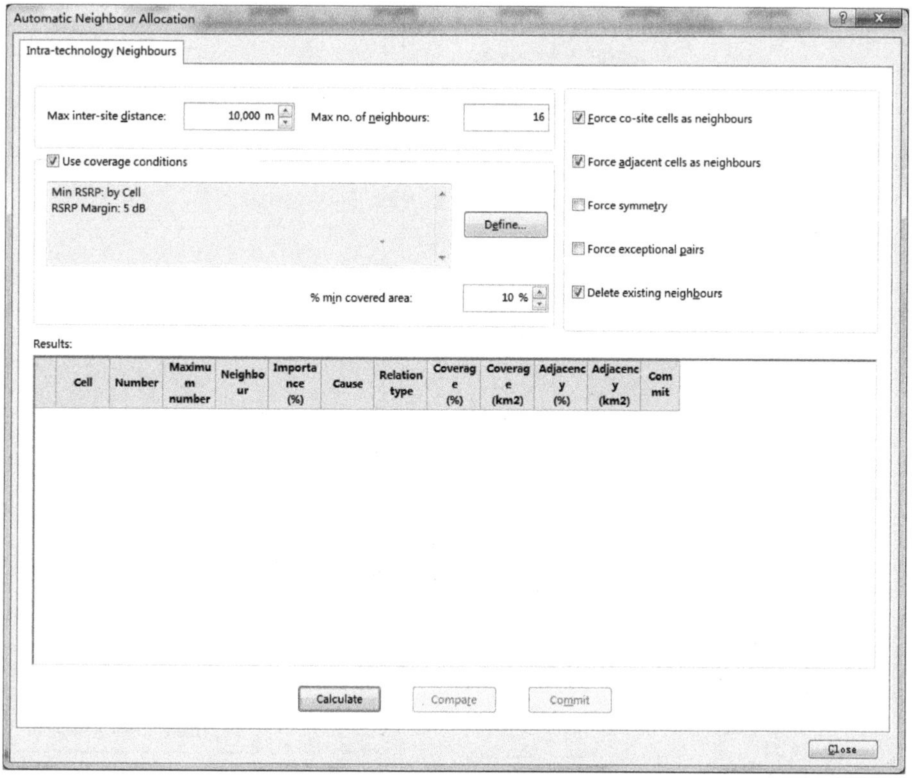

图 7-22　自动邻区分配计算

分配结果会显示在同一个对话框中。按“Commit”提交分配结果。

物理小区标识（PCI，Physical Cell Identifier）规划：右键单击“Network”下的“Transmitters”，选择“AFP→Automatic Allocation”，如图 7-23 所示。

在弹出来的对话框中设置分配时要考虑的条件和限制参数。设置好后再单击对话框下方的“Start”按钮运行 ID 的分配。分配结束后单击“Commit”按钮提交分配结果到小区表的“Physical Cell IDs”栏里。

7. 仿真预测

5G NR 提供上下行覆盖、质量、服务区域、容量等预测，如图 7-24 所示。

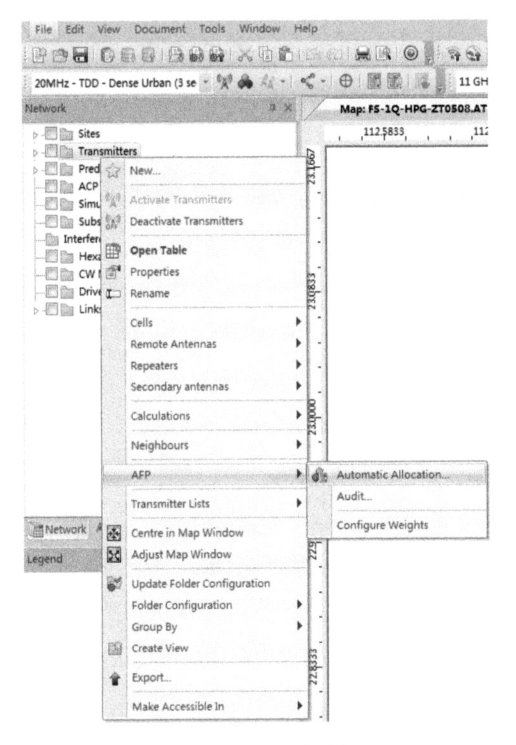

图 7-23　PCI 规划

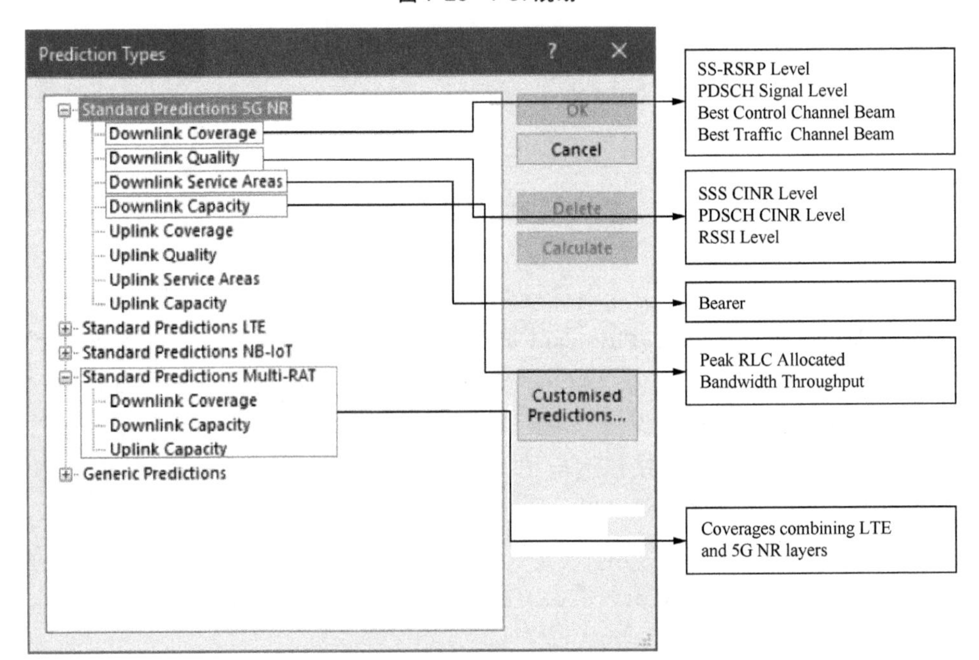

图 7-24　5G NR 仿真预测

7.4.4　仿真结果

本次仿真对比了使用 3D Beamforming 和不使用 3D Beamforming 对系统性能的影响，仿真条件如下。

- MIMO 天线个数：64 × 64。
- 上下行负载：50%。
- 基站发射功率：53 dBm。
- 载波带宽：100 MHz。
- 地图精度：5 m。

SS-RSRP 仿真预测图和 SSS-SINR 仿真预测图分别如图 7-25 和图 7-26 所示。

（a）使用 3D Beamforming　　（b）未使用 3D Beamforming

图 7-25　SS-RSRP 仿真预测图

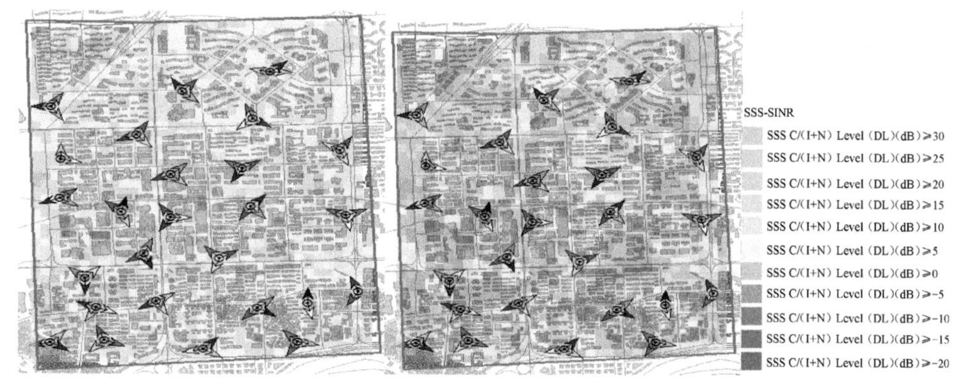

（a）使用 3D Beamforming　　（b）未使用 3D Beamforming

图 7-26　SSS-SINR 仿真预测图

仿真结果如表 7-4 和表 7-5 所示。

表 7-4　RSRP 仿真结果

SS-RSRP(dBm)	使用 3D Beamforming	未使用 3D Beamforming	提升
SS-RSRP Level (DL)≥−60	0.07%	0.03%	0.04%
SS-RSRP Level (DL)≥−65	0.65%	0.30%	0.35%
SS-RSRP Level (DL)≥−70	3.02%	1.70%	1.32%
SS-RSRP Level (DL)≥−75	9.40%	6.12%	3.28%
SS-RSRP Level (DL)≥−80	23.15%	16.67%	6.48%
SS-RSRP Level (DL)≥−85	40.60%	33.33%	7.27%
SS-RSRP Level (DL)≥−90	59.73%	51.70%	8.03%
SS-RSRP Level (DL)≥−95	76.17%	68.71%	7.46%
SS-RSRP Level (DL)≥−100	86.58%	81.97%	4.61%
SS-RSRP Level (DL)≥−105	92.95%	90.48%	2.47%
SS-RSRP Level (DL)≥−110	96.64%	95.24%	1.40%
SS-RSRP Level (DL)≥−115	98.66%	98.98%	−0.32%
SS-RSRP Level (DL)≥−120	100.00%	100.00%	0

表 7-5　SINR 仿真结果

SSS-SINR (dB)	使用 3D Beamforming	未使用 3D Beamforming	提升
SSS C/(I+N) Level (DL)≥25	0.34%	0	0.34%
SSS C/(I+N) Level (DL)≥20	4.05%	0.17%	3.88%
SSS C/(I+N) Level (DL)≥15	12.16%	3.38%	8.78%
SSS C/(I+N) Level (DL)≥10	29.73%	10.14%	19.59%
SSS C/(I+N) Level (DL)≥5	58.78%	23.65%	35.13%
SSS C/(I+N) Level (DL)≥0	95.61%	48.99%	46.62%
SSS C/(I+N) Level (DL)≥−5	100.00%	89.19%	10.81%
SSS C/(I+N) Level (DL)≥−10	100.00%	100.00%	0
SSS C/(I+N) Level (DL)≥−15	100.00%	100.00%	0
SSS C/(I+N) Level (DL)≥−20	100.00%	100.00%	0

从以上仿真结果可知，使用 3D Beamforming 后，RSRP 指标和 SINR 指标均有不同程度的提升，其中，SINR 指标提升明显。这一结果对比充分说明了使用 3D Beamforming 能够生成高增益、可调节的赋形波束，从而明显改善信号覆盖，并且由于其波束非常窄，可以大大减少对周边的干扰。

第 8 章 5G 网络规划设计

无线网络规划的主要任务是根据无线接入网的技术特点、射频要求、无线传播环境等条件，运用一系列规划方法，设计出合适的基站位置、基站参数配置、系统参数配置等，以满足网络覆盖、容量和质量等方面的要求，为下一步的工程实施提供依据。本章对无线网络规划设计流程进行了详细说明，并介绍 5G 网络部署中 BBU 集中部署方式及设备的发展形态，同时介绍常用的 5G 设备，针对 5G 站址选取及参数规划进行了详细说明。

| 8.1　无线网络规划设计流程 |

为了达到无线网络规划的目标，必须遵循一定的规划设计流程，对无线网络进行科学的规划设计。根据 5G 网络技术特点可以将 5G 网络规划分为网络需求分析、网络规模估算、站址规划、网络仿真、网络参数规划、输出报告共 6 个步骤，如图 8-1 所示。

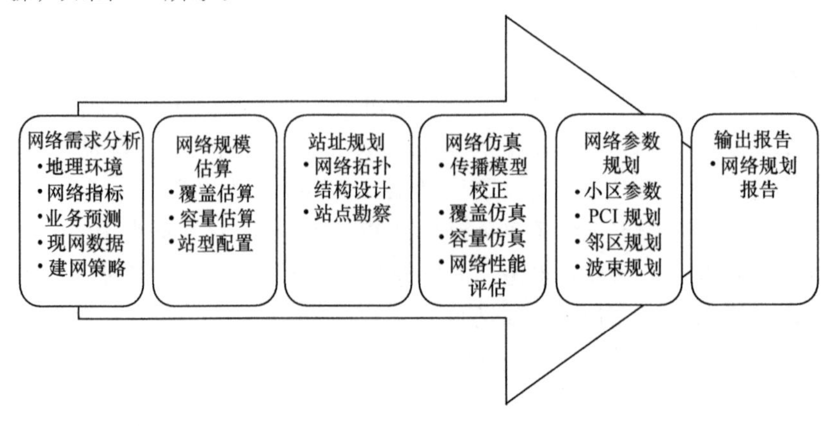

图 8-1　5G 网络规划流程图

8.1.1 网络需求分析

在网络需求分析阶段，主要从建设网络的社会环境、人口经济环境、地理环境、覆盖目标、容量目标、业务类型和业务质量等方面入手，明确网络的建设目标及建网策略，包括覆盖目标、容量目标、质量目标等。

建设 5G 网络之前首先要明确该网络将会部署于什么样的环境中，包括自然环境、社会环境、经济环境等方面，这涉及网络性能、服务质量、投资效益等运营商比较关注的问题，因而需要采集一些基本数据，为分析建网目标提供理论依据。数据采集包括如下内容。

（1）地理环境特征对网络建设区域内的地形，如平原、山地、丘陵等进行分类统计，并在地图上做标记。对交通干线，如重要的国道、省道和城区内交通或商业比较繁忙的街道进行分类统计。对规划区域内的重要建筑物及楼宇，如市政单位、公共场所、居民区、商业区等也要分类统计。

（2）城市行政区划及面积统计，城区、郊区面积统计，乡镇、行政村和经济开发区统计。

（3）人口分布、组成和教育状况。

（4）行业构成、生产总值统计。

（5）站点布局及网络覆盖现状。

（6）网络用户数。

（7）语音和数据业务密度分布。

8.1.2 网络规模估算

网络规模估算是根据网络需求分析得出建网目标，通过覆盖规划（详见第 4 章）和容量规划（详见第 5 章）这两个关键步骤来确定网络建设的基本规模。

网络规模估算要综合覆盖和容量估算的结果，通过统筹的方法确定覆盖区域需要的网络规模，主要是网络可容纳的用户数和基站数。

8.1.3 站址规划

在站址规划阶段，主要工作是依据链路预算的建议值，结合目前网络站址资源情况，进行站址布局工作，并在确定站点初步布局后，结合现有的资料或现场勘测来进行站点可用性分析，确定目前覆盖区域可用的共址站点和需新建的站点。在站点勘察过程中，一般要求有 2 ~ 3 个备选站点，以减少出现反复的可能。对于覆盖农村或公路的网络，站点根据客户可提供的站点设置，对于有规划站点的区域，只有在客户可提供的站点不合适的条件下，才在附近区域选择替换站点。

8.1.4 网络仿真

利用仿真软件辅助网络建设前的规划工作以及网络建设后的优化工作。前者是对规模估算结果的验证，通过仿真来验证估算的基站数量和基站密度是否能够满足规划区对系统的覆盖和容量要求，以及业务可以达到的服务质量，大体上给出基站的布局和基站预选站址的大致区域和位置，为勘察工作提供指导方向。后者则是针对网络建成运行后存在的各种问题，通过仿真寻求合适的途径以优化、完善网络性能。

一般来说，网络仿真的最终目的是通过仿真运算实现对于一个实际网络建设方案的检验，并且对网络结构和设备重要参数的取值进行优化调整。规划仿真是网络规划流程的重要组成部分，可为实际组网提供仿真的依据。通过仿真，可以预先了解网络建成后的大致情况，如覆盖、最佳服务小区、系统负载等，对实际组网有重要的指导和借鉴作用。

仿真分析流程包括工程创建、仿真参数设置、站点工参导入、路径损耗计算、仿真预测、仿真结果分析，如图 8-2 所示。根据仿真分析输出的结果，从整体系统运行的角度进一步评估当前规划方案是否可以满足网络的建设目标。针对新启用的频段或新规划的场景，不能采用现有模型的环境进行场强测试站点选择、场强测试及校模，得到合适的无线传播模型。

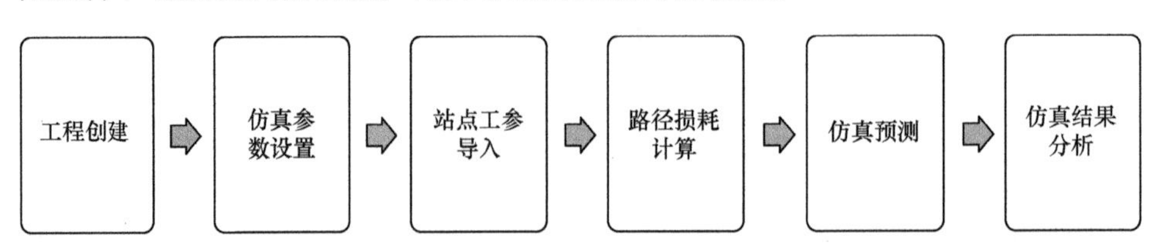

图 8-2　5G 网络仿真流程图

8.1.5 网络参数规划

无线网络参数包含天线挂高、方向角、下倾角、邻区、PCI、RACH、TAC

等参数，是无线网络规划输出的重要参数，参数指标的规划质量直接影响后期无线网络的使用效果。无线网络参数规划经历了两个过程，早期无线网络站址数量较少，参数规划多采用人工方式的纸上作业，这种作业完全凭借人工经验，对于少量站址（100 站以内）规划比较合适；随着计算机的普及、站址数量的增加，参数规划涉及的计算量加大，原有的纸上作业已经不能满足参数规划要求，为了应对这个问题，开始出现基于软件（办公软件、仿真软件、小程序）的参数规划工具，借助一系列算法实现参数的自动规划，同时必要的人工检查也是一个必需的过程。

利用规划软件进行详细规划评估之后，就可以输出详细的无线参数，主要包括天线挂高、方向角、下倾角等小区基本参数、邻区参数、PCI 参数、RACH 参数等，同时根据具体情况进行 TAC 规划，这些参数最终将作为规划方案输出参数提交给后续的工程设计及优化使用。

8.1.6 方案输出

方案输出作为规划的输出，是整个无线网络规划的总结，同时为网络的下一步工程实施提供输入信息。

方案输出需要根据项目的要求输出完整的无线网络规划报告，内容包含网络规划理论知识、需求分析内容、站点规划设计情况、网络仿真评估情况、网络参数规划情况、客户关心的信息及各区域的解决方案、对下一阶段工作的建议等内容。

8.2 BBU集中部署

8.2.1 基站部署方式介绍

根据 5G 技术及设备发展，5G 的具体设备形态 CU、DU、RRU/AAU 可分离，也可集中。考虑到传输条件、运维难度、应用场景等因素，未来 5G 基站设备将主要存在 3 种设备形态：CU 和 DU 合设+RRU/AAU、CU+DU+RRU/AAU、一体化 NR。在实际部署中，具体如图 8-3 所示。在 2018 年 5G 试验网中，3 家运营商主要采用“CU 和 DU 合设+AAU”的 Massive MIMO 基站；在 5G 网络部署初期，也将主要采用“CU 和 DU 合设+RRU/AAU”的设备方案，随着商用程度及业务需求的不断成熟，支持向 CU/DU 分离架构演进。

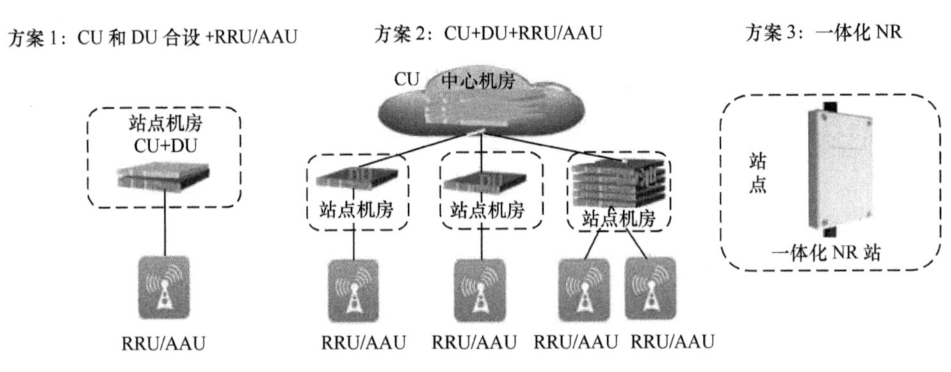

图 8-3　5G 基站部署方案

BBU 的部署主要有 D-RAN、C-RAN 和 CU 云化部署 3 种方式，如图 8-4 所示。

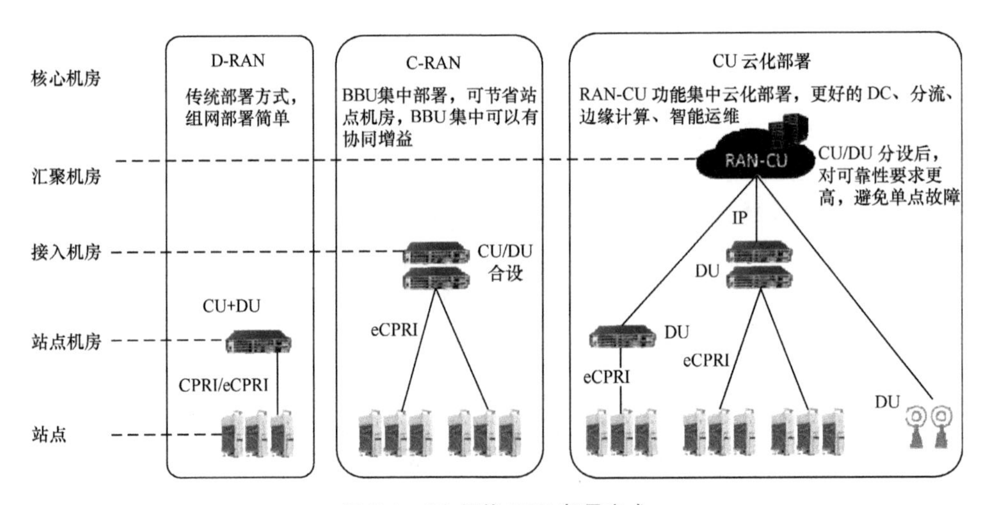

图 8-4　5G 无线 BBU 部署方式

8.2.2　D-RAN 方式

D-RAN 方式 CU+DU 布放于站点机房，AAU 设备均布放于无线基站，该方案为传统的部署方式，2G、3G 网络多采用该方式。

这种建设方式保证了网络的可靠性，但由于每个基站均需配置全套 BBU 机框、设备板卡、传输设备、无线配套设备等，一方面无线配套建设、线路建设成本高，另一方面无线设备利用率也较低。从基站租金效益可知，现阶段无线基站大多为租用铁塔公司机房，根据铁塔公司与运营商签订的相关基站租赁的协议，运营商增加设备或天线均需支付一定数量的租金，针对 D-RAN 方式需要支付 BBU 设备的相关费用，整体抬高了租金；同时日常维护与故障处理需要进出铁塔公司基站机房，受限于铁塔公司的机房管理制度和基站钥匙借用流程，进出基站机房的流程繁琐，占用时间多，给网络维护带来诸多不便。

8.2.3　C-RAN 方式

C-RAN 方式 AAU 设备布放于无线基站，CU/DU 合设于接入机房，该方案为现有 4G 网络常用的部署方式。

C-RAN 方式具有如下优点。

（1）节省传输设备。一般地，D-RAN 部署 1 个 BBU 需要配置 1 端传输设备，采用 C-RAN 方式后，1 端传输设备可以满足多个 BBU 的传输需求，如果 BBU 集中放置在传输资源比较丰富的核心汇聚机房，还可以利用现有传输资源。

（2）提高了传输系统的安全性。BBU 集中放置在条件较好的机房，电源有保障，线路资源更加丰富，传输系统的安全性大大提高。

（3）BBU 集中放置后便于设备的维护和扩容。

（4）BBU 集中放置后可以集中配置 BBU 小区，减少 BBU 使用量，提高 BBU 的利用率，减少投资，节省资源。

（5）BBU 集中放置后统一配置机房电源，大大降低了 BBU 掉电风险，减少掉电故障，同时减少了空调等配套设施的能耗，节省电费支出，实现节能减排。

但同时 C-RAN 模式也存在一定的缺点。

（1）增加了对主干光缆纤芯的需求。

（2）BBU 到 AAU 之间的光缆距离长，光纤跳节点增多，隐患点增多。

（3）由于 BBU 与 AAU 之间一般采用星形连接方式，一旦出现主干光缆发生中断，将会发生较大面积的 AAU 断站的情况，影响面较大。

（4）站点还有 AAU 等设备，AAU 需要供电，仍然需要考虑 AAU 的取电和电源保障问题。

8.2.4　CU 云化部署

CU 云化部署 AAU 设备布放于无线基站，CU/DU 分设，其中，DU 可以根据业务需求的情况布放于无线基站或接入机房，CU 部分通过云化方式部署在数据中心，主要通过 NFV 技术实现。

CU-DU 分离架构的三大显著优势为：实现基带资源的共享，提升效率；降低运营成本和维护费；更适用于海量连接场景。同时基于 CU-DU 架构，5G 接入网将具备很强的可扩展性。

（1）基于 CU，引入大数据与人工智能，构建智能网络：在设备实现上，基于 CU 可与无线大数据、人工智能深度耦合。例如，通过 CU 中对网络和用户相关的海量数据进行大数据分析，可实现基站性能相关算法的快速迭代，持续提升网络性能。同时，在人工智能的辅助下，也可以进一步实现智能运维，降低运维成本，提高网优效率，降低网优成本。

（2）基于 CU，引入 MEC 共部署，实现业务创新、快速上线、使能数字化服务：CU 在实现上的另外一种思路是与 MEC（移动边缘计算）的结合。具体而言，MEC 可依托 CU 实现无线能力的开放，支撑创新业务快速贴近用户部署，通过数字化服务创收。同时，CU 与 MEC 的集成，通过 MEC 对创新业务的有效支撑，实现业务快速上线和快速更新。

CU-DU 分离架构可能遇到的三大问题包括单个机房的功率容量有限、网络规划及管理更复杂、时延问题。

根据中国电信发布的《5G 技术白皮书》要求，考虑产业成熟情况，为了减少网元数、降低网络规划和工程实施难度，同时为了减少时延、缩短建设周期，5G 网络发展初期采用 CU/DU 合设方式。BBU 可采取下沉的 D-RAN、集中方式部署的 C-RAN，BBU 与 AAU 之间的前传采用光纤直连。

8.3 5G 设备介绍

8.3.1 5G 基站设备架构

为满足 5G 网络的需求，运营商和主设备厂商等提出多种无线网络架构。按照协议功能划分，3GPP 标准化组织提出了面向 5G 的无线接入网功能重构方案，将由 4G BBU、RRU 两级架构演进到 CU、DU 和 RRU/AAU 三级架构，如图 8-5 所示。在此架构下，5G 的 BBU 基带部分拆成 CU 和 DU 两个逻辑网元，而射频单元以及部分基带物理层底层功能与天线构成 AAU。

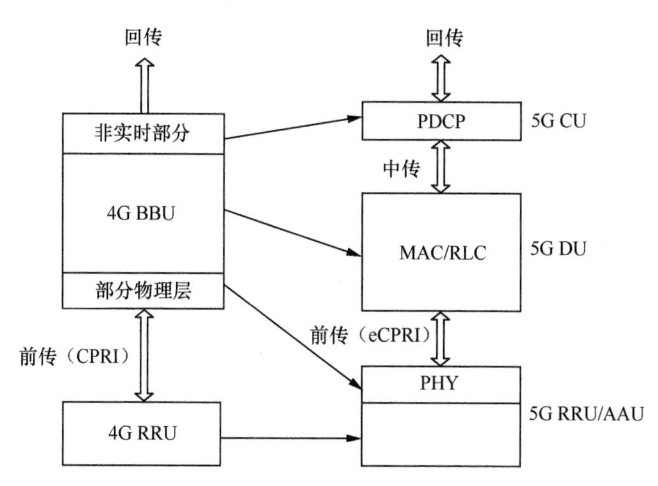

图 8-5　5G RAN 功能模块重构示意图

3GPP 确定了 CU-DU 划分方案，PDCP 层及以上的无线协议功能由 CU 实现，主要处理非实时协议和服务；PDCP 以下的无线协议功能由 DU 实现，主要负责处理物理层协议和实时服务。考虑节省 AAU 与 DU 之间的传输资源，部分物理层功能可上移至 AAU。CU 与 DU 作为无线侧逻辑功能节点，可以映射到不同的物理设备上，也可以映射为同一物理实体。

对于 CU/DU 部署方案，由于 DU 难以实现虚拟化，CU 虚拟化目前存在成本高、代价大的挑战；分离适用于 mMTC 小数据分组业务，但目前标准化工作尚未启动，发展趋势还不明确；分离有助于避免 NSA 组网双连接下路由迂回，而 SA 组网无路由迂回问题，因此，初期采用 CU/DU 合设部署方案。CU/DU 合设部署方案可节省网元，减少规划与运维复杂度，降低部署成本，减少时延（无须中传），缩短建设周期。

设备厂商在 DU 和 AAU 之间的接口实现上存在较大差异，难以标准化。在部署方案上，目前，主要存在通用公共无线电接口（CPRI）与增强通用公共无线电接口（eCPRI）两种方案。采用传统 CPRI 接口时，前传速率需求与 AAU 天线端口数、频率带宽等成线性关系，以 100 MHz/64 端口/64QAM 为例（参考表 8-1），它的速率需要为 320 Gbit/s，即使考虑 3.2 倍的压缩，速率需求也已经达到 100 Gbit/s。采用 eCPRI 接口时，速率需求基本与 AAU 支持的流数成线性关系，同条件下速率需求将降到 25Gbit/s 以下，因此，DU 与 AAU 接口首选 eCPRI 方案。

表 8-1　5G 前传最大传输带宽需求

天线端口数	频率系统带宽			
	10 MHz	20 MHz	200 MHz	1 GHz
2	1 Gbit/s	2 Gbit/s	20 Gbit/s	100 Gbit/s
8	4 Gbit/s	8 Gbit/s	80 Gbit/s	400 Gbit/s
64	32 Gbit/s	64 Gbit/s	640 Gbit/s	3 200 Gbit/s
256	128 Gbit/s	256 Gbit/s	2 560 Gbit/s	12 800 Gbit/s

Massive MIMO 是 5G 的关键技术之一，Massive MIMO 天线相对于传统基站天线，最显著的特征就是通道数量增多，通常为 16T16R、32T32R、64T64R 及以上。Massive MIMO 天线可以部署于商业中心（大型购物中心和大型商贸交易中心）、校园、交通枢纽等高容量、高密度业务场景。由于 5G 多使用 Massive MIMO 天线，通常天线与 RRU 合设，即天线与射频单元融合的 AAU，如图 8-6 所示。与传统分离方案相比，AAU 方案提高了天馈系统集成度、减少了馈线损耗、降低了站点负荷。对于容量需求较低、通道数量较少的情况，也可采用天线与 RRU 分离的方案。

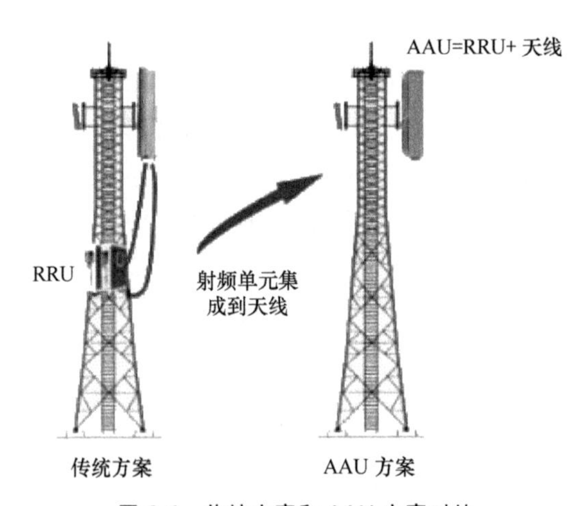

图 8-6　传统方案和 AAU 方案对比

8.3.2　设备形态对基站的影响

目前，主流主设备厂家均已推出符合 3GPP R15 版本的“CU 和 DU 合设+AAU”形态的 Massive MIMO 基站，均支持 3.5 GHz（3 400 ~ 3 600 MHz）频

段，支持天线 64T64R，根据对常用 5G 主流主设备厂家基站设备的调研，各厂家 5G 主设备具体参数如表 8-2 所示。

表 8-2　基站设备参数对比

厂家	BBU	AAU			
	功耗（W）	规格	尺寸（mm）	重量（kg）	功耗（W）
H	1 400	64T64R	860×395×190	40	1 150
Z	3 900	64T64R	799×399×161	45	1 900
N	1 660	64T64R	900×480×144	40	1 500
D	1 850	64T64R	895×490×142	47	1 700
E	1 700	64T64R	520×978×150	43	1 200

从各主流设备厂家主设备主要参数可得到如下结论。

设备功耗大幅提升。现网使用的 4G 基站 BBU 功耗约为 250 W、RRU 功耗约为 350 W，5G Massive MIMO 基站由于收发单元增加、处理能力增强，设备功耗也大幅提升至千瓦级，相较于 4G 基站（三扇区）总体功耗增加比例在 273%～638%（如表 8-3 所示），5G 基站功耗成本的增加为基站，特别是高容量站点的电源配套设施带来巨大的影响。

表 8-3　5G 基站功耗对比（单位：W）

厂家	BBU	AAU	总功耗	相较于 4G 增长比例
H	1 400	1 150	4 850	273%
Z	3 900	1 900	9 600	638%
N	1 660	1 500	6 160	374%
D	1 850	1 700	6 950	435%
E	1 700	1 200	5 300	308%
4G	250	350	1 300	

体积减小、重量增加。5G Massive MIMO 基站 AAU 频段更高、收发单元更多，与 4G 基站 RRU+天线相比，挡风面积略有减小、重量略有增加（详见表 8-4），不会对现有塔型设计、铁塔承载造成额外的影响，主要的影响体现在 5G Massive MIMO 基站 AAU 采用 RRU 和天线一体化设计，不能与现有站点上的 2/3/4G 频段共天线，对部分共享需求旺盛的站点，会加剧天面资源紧张的局面。

表 8-4　典型基站尺寸重量对比

类型	主流天线体积尺寸（mm）	天线重量（kg）	天线挡风面积（m^2）	RRU 体积尺寸（mm）	RRU 重量（kg）	RRU 挡风面积（m^2）	合计重量（kg）	合计挡风面积（m^2）
A 运营商 4G	1 285×309×130	12	0.397	400×300×100	12	0.120	24	0.517
	1 650×320×145	22	0.528				34	0.648
B 运营商 4G	1 310×380×65	16.5	0.497	400×300×100	14	0.120	21.5	0.617
	1 310×265×86	14.5	0.347				28.5	0.467
C 运营商 4G	1 310×265×86	14.5	0.347	400×300×100	14	0.120	28.5	0.467
	1 515×265×145	19.2	0.401				33.2	0.521
5G AAU	体积尺寸（mm）：895×490×142，重量（kg）：47						47	0.438

8.4　5G 基站站址选择

8.4.1　频率选择

3GPP 标准中 5G 的频段定义如第 3 章表 3-1 和表 3-2。

我国在 2016 年 8 月发布的《国家无线电管理规划（2016—2020 年）》中明确表示，将“适时开展公众移动通信频率的调整重耕，为 IMT-2020（5G）储备不低于 500 MHz 的频谱资源”。

2017 年，工业和信息化部已明确使用 3.3～3.6 GHz 和 4.8～5.0 GHz 作为我国 5G 中频段，并批复了 24.75～27.5 GHz 和 37～42.5 GHz 高频段用于 5G 技术研发试验。这样可确保未来每家运营商在 5G 中频频段上至少可获得 100 MHz 带宽，在 5G 高频频段上至少可获得 2 000 MHz 带宽。中频段情况如表 8-5 所示。

表 8-5　中国 5G 中频段情况

频段	3.3～3.4 GHz	3.4～3.6 GHz	4.8～5 GHz
与其他系统共存问题	与无线电定位业务共存	与卫星固定业务共存	与射电天文业务共存
政府政策和管控	原则上在室内使用	5G 系统技术的试验频段，但需要考虑对卫星的保护	考虑地理区域隔离
产业进展	产业成熟度须进一步推动	中国 5G 核心频段，产业成熟度高	产业成熟度需要进一步推动

2018 年 12 月 5 日，工业和信息化部正式发文，为三大电信运营商分配 5G 中低频段试验频率，三大电信运营商按所获频率许可，可在全国范围内开展 5G 试验。

根据文件，各运营商 5G 实验频段如下。中国电信获得 3 400 ~ 3 500 MHz，共 100 MHz 带宽的 5G 试验频率资源；中国移动获得 2 515 ~ 2 675 MHz、4 800 ~ 4 900 MHz 频段的 5G 试验频率资源，其中，2 515 ~ 2 575 MHz、2 635 ~ 2 675 MHz 和 4 800 ~ 4 900 MHz 频段为新增频段，2 575 ~ 2 635 MHz 频段是中国移动现有的 TD-LTE（4G）频段；中国联通获得 3 500 ~ 3 600 MHz，共 100 MHz 带宽的 5G 试验频率资源。

各运营商 5G 实验网频段如表 8-6 所示，从实验网频率分配来看，三家运营商均获得 100 MHz 以上频率带宽，均可实现完整 5G 频带业务。其中，中国电信、中国联通获得了 5G 核心频段 C 波段资源，由于 C 波段是全球 5G 部署的主要频段，相应的产业链比较成熟，相较于 D 频段要提前半年，具有较大的提前优势且后期用户国际漫游较容易。中国移动获得 D 频段 160 MHz 和 4.9 GHz 的 100 MHz，共计 260 MHz 带宽，获得的 5G 频段带宽更宽，后期应对用户容量的能力更强。同时考虑到 D 频段相较于 3.5 GHz 频率更低，需要部署的站点更少，后期无线覆盖较容易且随着移动 D 频段 4G 网络部署完善，后期可以采用 1:1 组网实现 5G 的快速覆盖。

表 8-6　各运营商 5G 实验网频段情况

运营商	频段	带宽
中国移动	2 515～2 675 MHz、4 800～4 900 MHz	260 MHz
中国电信	3 400～3 500 MHz	100 MHz
中国联通	3 500～3 600 MHz	100 MHz

8.4.2　站址选择原则

站址规划需要遵循以下原则

对符合网络结构初始规划清单与现网站址资源进行匹配，实际站址与规划站址间允许 1/4 站间距偏离，满足基站选址条件的现网资源优先储备为 5G 站址资源，并对局部网络依托现有资源进行调整。

对现网站址资源较充分但与预规划清单偏移普遍较大的区域，根据现场采集数据，对该区域网络进行重新规划，尽可能依托现有可用资源，对于确实无法应用的站址或不满足选址条件的站址资源应当果断放弃。

通过与现网站址资源的比对，针对更新后的建设清单进行现场规划确认，对不满足建设条件的站点进行替换，确定主选站点地址等参数信息，并选取 2～3 个备选站点。

仿真预测网络建设效果，对不达标区域进行局部调整，将网络仿真预测与站址现场勘查选点工作相结合，最终形成符合网络建设要求的站址规划清单。

充分利用现有局站站址和其他通信资源，基站的选址要考虑现有的传输条件，优先考虑有自建传输或便于自建传输的站址。宜选在交通便利、供电可靠的地方。不宜设在大功率无线电发射台、大功率电视发射台、大功率雷达站等附近。

站址不应选择在易燃、易爆的仓库和材料堆积场，以及在生产过程中容易发生火灾和爆炸的工业、企业附近。基站尽可能避免设在雷击区。不宜选择在生产过程中散发有害气体、多烟雾、粉尘、有害物质和有腐蚀性排放物的工业企业附近。

严禁将基站设置在矿山开采区和易受洪水淹灌、易塌方的地方，应避开断层土坡边缘、古河道以及有可能塌方、滑坡，有开采价值的地下矿藏或古迹遗址等地方。

当基站需要设置在飞机场附近时，其天线高度应符合机场净空高度要求，并且需要经相关部门批准。

在高压线附近设站时，通信机房应保持 20 m 以上的距离，铁塔离开高压线距离必须在自身塔高以上。

不宜在发生较大震动和较强噪声的工业企业附近设站。

8.5 参数规划

与 LTE 相同，5G 网络也需要对 PCI、RACH 和 TAC 等参数进行规划。由于 5G 与 4G 技术原理及物理层帧结构的变化，各参数规划要求及过程发生了一些变化。

8.5.1 PCI 规划

5G NR 中终端以 PCI 区分不同小区的无线信号。

5G NR 拥有同步信号，称为主同步信号（PSS）和辅同步信号（SSS）。这些信号特定于 NR 物理层，并提供 UE 用于下行链路同步所需的以下信息。

PSS 提供无线帧边界（无线帧中第一个符号的位置）。

SSS 提供子帧边界（子帧中第一个符号的位置）。

物理层小区 ID（PCI）信息使用 PSS 和 SSS。

LTE 规划中共有 504 个 PCI（0 ~ 503）。PCI 本身由 PSS 和 SSS 组成，其中，PSS 有 3 个值（0 ~ 2），而 SSS 有 168 个值（0 ~ 167）。LTE PCI 的结构基于以下公式。

$$\mathrm{PCI} = (3\times SSS) + PSS$$

例如：SSS 为 3，PSS 为 1，根据 PCI 定义公式，PCI 为 3×3 + 1 = 10。

在 5G NR 中，PSS 的基本结构与 LTE 相同，但 SSS 的数量有所增加。5G 中的 SSS 总数为 336（0 ~ 335），而 PSS 计数仍为 3（0 ~ 2）。这意味着 5G 的最大 PCI 数量为 1 008（0 ~ 1 007），如图 8-7 所示。

假设：SSS 为 335，PSS 为 2，根据 PCI 定义公式，PCI 为 3×335 + 2 = 1 007。

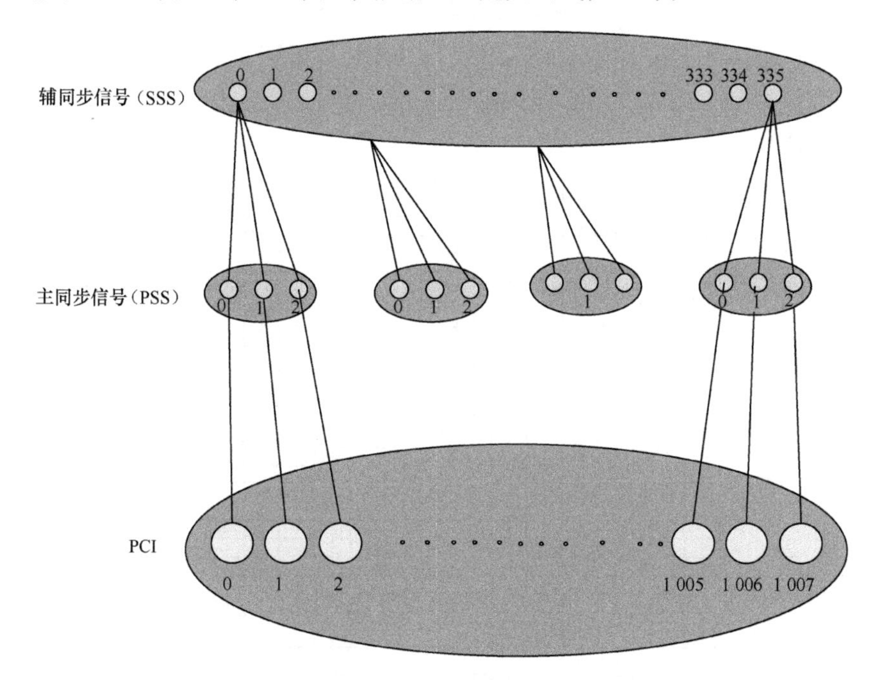

图 8-7　5G PCI 组成

5G PCI 的数量相较于 LTE 增加了一倍，但是随着 5G 微小站的增加，特别是毫米波基站的增加，站点间距密度进一步加大，PCI 发生冲突的概率会加大，为了减少和避免 PCI 冲突情况发生，需要提前对 PCI 进行合理规划。

LTE 系统中 CRS（下行参考信号）用于下行物理信道解调及信道质量测量，终端测量计算频带内小区的 CRS 平均功率 RSRP，作为衡量小区覆盖电平强度标准，目前，小区选择、小区重选、切换均基于 RSRP 值进行。

无线网络衡量信道质量指标 SINR 通过计算 RSRP 与干扰电平的比值得到。

在普通 CP（保护循环前缀）情况下，下行 2 天线端口 CRS 的位置图如图 8-8 所示：（每一个小框代表一个 RE，频域上 15 kHz，时域上是一个 OFDM 码长，即 1/14 ms）。

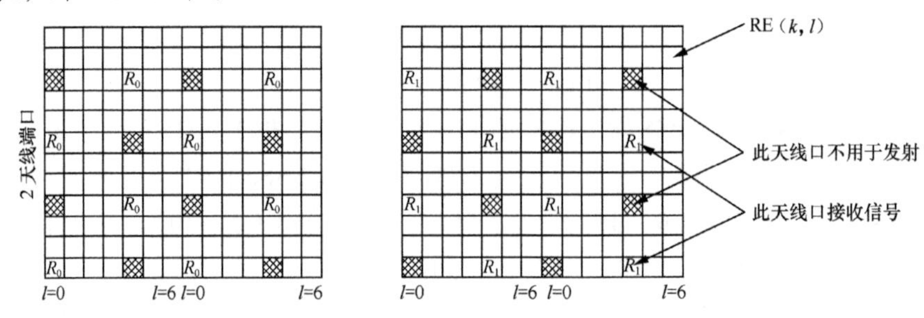

图 8-8　普通 CP 下行 2 天线端口 CRS 的位置图

PCI mod 3=0、1、2 时，2 天线端口 CRS 的位置图如图 8-9 所示；同模时，2 天线端口 CRS 的位置一致。同频组网下，两个模相同的小区 CRS 重叠引起干扰导致 SINR 出现恶化。

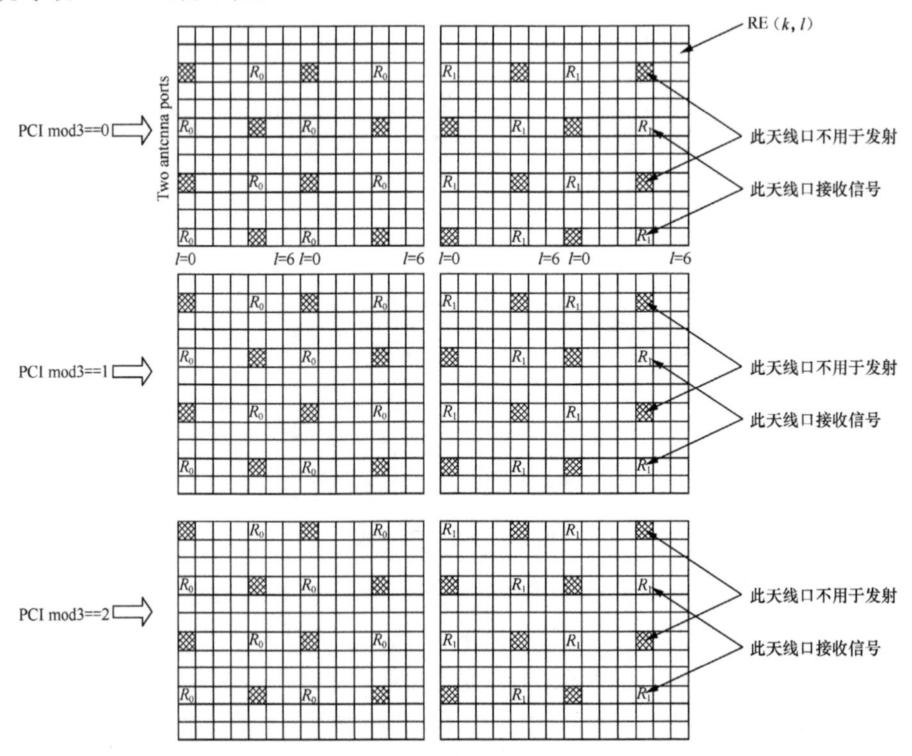

图 8-9　PCI mod 3=0、1、2 时，2 天线端口 CRS 的位置图

5G NR 与 4G 存在一些差异。首先，5G 没有 CRS，这意味着它不会像 4G 那样在整个带宽上发送参考信号，因此，消除了参考信号之间干扰的可能性，并且它还消除了参考信号产生的高恒定噪声。其次，5G 仅在 PBCH 中使用 DMRS，DMRS 位置遵循 PCI 模 4 规则，这意味着每 4 个 PCI 在频域中具有相同的 PBCH DMRS 位置。因此，在 5G PCI 规划中需要避免模 4 干扰。

同时由于 5G 只有 3 个类似 LTE 的 PSS，每 3 个 PCI 将具有相同的 PSS 值。这可能会对 PSS 造成干扰，因此，不能完全忽略 PCI 模 3 干扰。相同的 PSS 虽然不会影响 KPI，但可能会导致同步延迟。由于 SSB 信号使用波束赋形技术，这个问题将被抑制。

PCI 和 PBCH DMRS 关系如图 8-10 所示。LTE 的 PCI 模 3 和 5G 的 PCI 模 4 的概念还有另一个不同之处。在 LTE 中，CRS 遍及带宽并且它们遵循 PCI 模 3 规则。但是在 5G 的情况下，DMRS 仅在 PBCH 内。这意味着即使两个相邻小区遵循 PCI 模 4 规则，一个小区的 DMRS 仍将与第二小区的 PBCH 数据重叠，因为 PBCH 将始终存在。因此，遵循 PCI 模 4 规则的增益可能不会那么多，尽管考虑到 DMRS 和 PBCH 的结构不同会有一些收益。

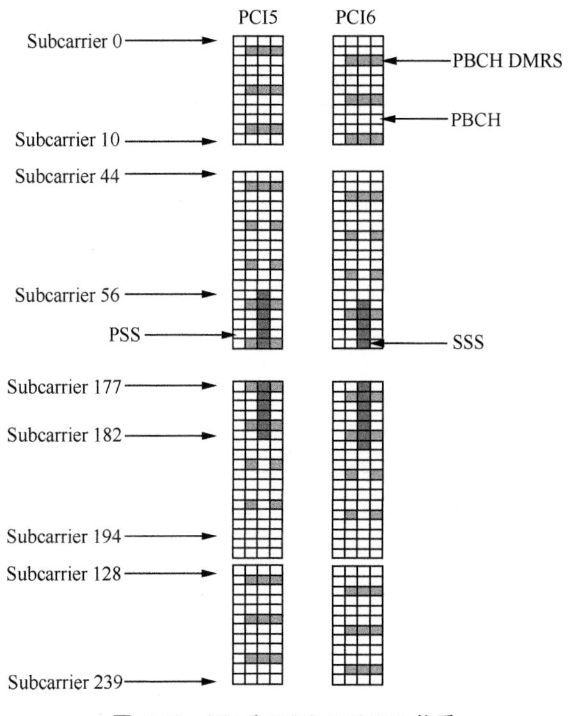

图 8-10　PCI 和 PBCH DMRS 关系

总体来讲，5G 应遵循 PCI 模 3、模 4 进行网络的初始规划。

在进行 5G PCI 规划时仍需要遵循如下原则。

（1）不冲突原则：相邻小区（同频）不能使用相同的 PCI。

（2）不混淆原则：同一小区的同频邻区不能使用相同的 PCI，否则切换时 gNB 无法区分哪个为目标小区，容易造成切换失败。

（3）复用原则：保证相同 PCI 小区有足够的复用距离。

8.5.2 RACH 规划

4G 和 5G RACH 规划概念非常相似，但 N_{cs} 表已经改变，并且已经引入了一些新的前导码格式。在 5G 中，有两组前导码。

长前导格式：格式为 0、1、2 和 3，长度为 839；

短序列格式：格式为 A1、A2、A3、B1、B2、B3、B4、C0、C2，长度为 139。

长前导码格式将具有更多的开销，但是它将具有更大的小区半径，而短格式将具有更低的开销、更小的小区半径。3GPP 38.211 协议中对 PRACH 的 N_{cs} 值进行了详细定义，如表 8-7 所示。

表 8-7　PRACH 的 N_{cs} 值定义

零相关区间配置	N_{cs} 值
0	0
1	2
2	4
3	6
4	8
5	10
6	12
7	13
8	15
9	17
10	19
11	23
12	27
13	34
14	46
15	69

例如，小区半径为 3 km，通过计算可知多径延迟扩展约为 2 μs，相应的 N_{cs} 值将在 45 左右。这将映射到表中的下一个 N_{cs} 值 46，这意味着根序列将具有 46 的循环移位以生成下一个前导码。短前导码的长度是 139，因此，每个根序列可以生成的前导码的数量如下。

每个根序列的前导码数：*floor*（139/46）= 3。

每个单元需要 64 个前导码，所以生成 64 个前导码所需的根序列的数量如下。

64 个前导码所需的根序列数：*Ceil*（64/3）= 22。

综上所述，在进行 RACH 规划时，第一个小区使用 0～21 的根序列，而第二个小区将使用 22～43 的根序列，依此类推。这些是 RACH 设计的基础，可以使用上述方法为不同的场景生成 RACH 计划。

8.5.3　TAC 规划

5G 的追踪区号码（TAC，Tracking Area Code）规划类似于 4G。由于当前的 5G NR 使用 NSA 模式，因此，最初它应该使用与 4G 网络相同的 TAC。但是在进行 TAC 规划时仍需要遵循如下原则。

在进行 TAC 规划时，需要核算寻呼负荷，避免 TAC 过大导致寻呼负荷较大，智能/动态/精确寻呼通常可以缓解寻呼负荷较大问题；

如果 TAC 太小，那么将导致 TAU 过于频繁，从而导致信令开销过大。可以通过智能 TAL（Tracking Area List）规划甚至用户特定的动态 TAL 分配来解决这个问题。

缩略语

1G	1st Generation	第一代
2G	2nd Generation	第二代
3DoF	3 Degree of Freedom	3 自由度
3G	3rd Generation	第三代
3GPP	the 3rd Generation Partnership Project	第三代合作伙伴计划
4G	4th Generation	第四代
5G	5th Generation	第五代
5G-EIR	5G-Equipment Identity Register	5G 设备识别寄存器
5GC	5G Core	5G 核心网
6DoF	6 Degree of Freedom	6 自由度

A

AAS	Active Antenna System	有源天线系统
AAU	Active Antenna Unit	有源天线单元
ACP	Automatic Cell Planning	自动小区规划
AF	Application Function	应用功能
AFP	Automatic Frequency Planning	自动资源规划
AI	Artificial Intelligence	人工智能
AKA	Authentication and Key Agreement	认证与密钥协商
AMF	Access and Mobility Management Function	接入和移动管理功能
AN	Access Network	接入网络
API	Application Programming Interface	应用程序编程接口
AR	Augmented Reality	增强现实

ARP	Address Resolution Protocol	地址解析协议
AUSF	Authentication Server Function	认证服务器功能

B

BBU	Base Band Unit	基带单元
BWP	Bandwidth Part	带宽段

C

CA	Carrier Aggregation	载波聚合
CC	Component Carrier	成分载波
CDMA	Code Division Multiple Access	码分多址
CoMP	Coordinated Multi-Point	协作多点
COTS	Commercial Off The Shelf	商业现货
CP	Cycle Prefix	循环前缀
CRAN	Centralized Radio Access Network	集中式无线接入网络
CS	Communication Service	通信服务
CSI-RS	Channel State Information-Reference Signal	信道状态信息-参考信号
CSP	Communication Service Provider	通信服务提供商
CU	Centralized Unit	集中式单元

D

D2D	Device-to-Device	设备到设备
DAS	Distributed Antenna System	分布式天线系统
DCSP	Data Centre Service Provider	数据中心服务提供商
DHCP	Dynamic Host Configuration Protocol	动态主机设置协议
DMRS	Demodulation Reference Signal	解调参考信号
DN	Data Network	数据网络
DNAI	Date Network Access Identifier	数据网络访问识别
DRAN	Distributed Radio Access Network	分布式无线接入网络
DRB	Data Radio Bear	数据无线承载
DU	Distributed Unit	分布式单元

E

EIRP	Effective Isotropic Radiated Power	有效发射功率
eMBB	enhanced Mobile BroadBand	增强移动宽带
EPC	Evolved Packet Core	演进的分组核心网

F

FE	Function Entity	功能实体
FWA	Fixed Wireless Access	固定无线接入

H

HDR	High-Dynamic Range	高动态范围
HPLMN	Home Public Land Mobile Network	本地公共陆地移动网
HSPA	High Speed Packet Access	高速分组接入

I

IP	Internet Protocol	互联网协议
IPv6	Internet Protocol version 6	互联网协议版本 6
ITU	International Telecommunication Union	国际电信联盟

K

KPI	Key Performance Indicator	关键性能指标

L

LMF	Location Management Function	位置管理功能
LTE	Long Term Evolution	长期演进

M

M2H	Machine-to-Human	机器到人
M2M	Machine-to-Machine	机器到机器
MAC	Medium Access Control	媒体接入控制
MANO	Management and Orchestration	管理和编排
MAPL	Maximum Allowable Path Loss	最大允许链路损耗
MCG	Master Cell Group	主小区群
MEC	Mobile Edge Computing	移动边缘计算
MeNB	Master eNB	主 eNB
MIMO	Multiple Input Multiple Output	多输入多输出
mMTC	massive Machine Type Communications	大规模机器类通信
MN	Master Node	主节点
MNSI	Managed Network Slice Instance	管理网络切片实例
MPLS-TP	Transport Profile for Multi-Protocol Label Switching	传送多协议标记交换
MR	Mixed Reality	混合现实

MU-MIMO	Multi-User-Multiple Input Multiple Output	多用户多输入多输出

N

N3IWF	Non-3GPP Inter Working Function	非 3GPP 互操作功能
NB-IoT	Narrow Band-Internet of Things	窄带物联网
NEF	Network Exposure Function	网络暴露功能
NEP	Network Equipment Provider	网络设备提供商
NF	Noise Factor	噪声系数
NF	Network Function	网络功能
NFV	Network Function Virtualization	网络功能虚拟化
NFVI	Network Functions Virtualization Infrastructure	网络功能虚拟化基础设施
NG-RAN	Next Generation-Radio Access Network	下一代无线接入网
NOMA	Non-Orthogonal Multiple Access	非正交多址接入
NOP	Network Operator	网络运营商
NR	New Radio	新无线
NRF	Network Repository Function	网络存储功能
NSA	Non Standalone	非独立部署
NSaaS	Network Slice as-a Service	网络切片即服务
NSI	Network Slice Instances	网络切片实例
NSSF	Network Slice Selection Function	网络切片选择功能
NSSI	Network Slice Subnet Instance	网络切片子网实例
NWDAF	Network Data Analytics Function	网络数据分析功能

O

OFDM	Orthogonal Frequency Division Multiplexing	正交频分复用
OFDMA	Orthogonal Frequency Division Multiple Access	正交频分多址
OTN	Optical Transport Network	光传输网络

P

PBCH	Physical Broadcast Channel	物理广播信道
PCF	Policy Control Function	策略控制功能
PCI	Physical Cell Identifier	物理小区标识
PDCCH	Physical Downlink Control Channel	物理下行控制信道
PDCP	Packet Data Convergence Protocol	分组数据汇聚协议
PDSCH	Physical Downlink Shared Channel	物理下行共享信道
PDU	Protocol Data Unit	协议数据单元

PFD	Packet Flow Description	分组流描述
PHY	PHYsical layer	物理层
PLMN	Public Land Mobile Network	公共陆地移动网
POE	Power over Ethernet	以太网供电
PRAH	Physical Random Access Channel	物理随机接入信道
PSS	Primary Synchronization Signal	主同步信号
PTRS	Phase Tracking Reference Signal	相位追踪参考信号
PUCCH	Physical Uplink Control Channel	物理上行控制信道
PUSCH	Physical Uplink Shared Channel	物理上行共享信道

Q

QAM	Quadrature Amplitude Modulation	正交调幅
QoE	Quality-of-Experience	体验质量
QoS	Quality-of-Service	服务质量

R

RB	Resource Block	资源块
RLC	Radio Link Control	无线链路控制
RNIS	Radio Network Information Service	无线网络信息服务
RRC	Radio Resource Control	无线资源控制
RRU	Radio Remote Unit	无线远程单元

S

SA	Stand Alone	独立部署
SC-FDMA	Single-carrier Frequency-Division Multiple Access	单载波频分多址
SCG	Secondary Cell Group	辅小区组
SDF	Service Data Flow	服务数据流
SDN	Software Defined Networking	软件定义网络
SeNB	Secondary eNB	辅 eNB
SEPP	Security Edge Protection Proxy	安全边缘保护代理
SDAP	Service Data Adaptation Protocol	服务数据自适应协议
SLA	Service Level Agreement	服务等级协议
SMF	Session Management Function	会话管理功能
SMSF	Short Message Service Function	短消息服务功能
SN	Secondary Node	辅节点
SON	Self-Organizing Network	自组织网络
SPM	Standard Propagation Model	标准传播模型

SR	Segment Routing	分段路由
SRB	Signal Radio Bear	信令无线承载
SRS	Sounding Reference Signal	寻呼参考信号
SSC	Session and Service Continuity	会话和服务连续
SSS	Secondary Synchronization Signal	辅助同步信号
SUL	Supplementary Uplink	补偿上行

T

TAC	Tracking Area Code	追踪区号码
TD-SC	Time Division-Synchronous Code Division	时分-同步码分多址
DMA	Multiple Access	
TDM	Time Division Multiplexing	时分复用
TDMA	Time Division Multiple Access	时分多址
TDoA	Time Difference of Arrival	到达时间差

U

UL CL	Uplink Classifier	上行链路分类器
UDM	Unified Data Management	统一数据管理
UDR	Unified Data Repository	统一数据存储库
UDSF	Unstructured Data Storage Function	非结构数据存储功能
UPF	User Plane Function	用户面功能
uRLLC	ultra-Reliable Low Latency Communication	超可靠低延迟通信

V

VISP	Virtualization Infrastructure Service Provider	虚拟化基础设施服务提供商
VR	Virtual Reality	虚拟现实
VPLMN	Visited Public Land Mobile Network	受访公共陆地移动网络
VPS	Visual Positioning Service	视觉定位服务

W

WCDMA	Wideband Code Division Multiple Access	宽带码分多址
WDM	Wavelength Division Multiplexing	波分复用
WiMAX	Worldwide Interoperability for Microwave Access	全球互通微波访问
WLAN	Wireless Local Access Network	无线局域网

参考文献

[1] Ericsson. Ericsson Mobility Report, November 2017.

[2] GSMA Intelligence. WBIS. October 2014.

[3] GSMA. The Mobile Economy 2016.Februray 2016.

[4] SP-160464/RP-16126.5G Architecture Options-Full Set. Joint RAN/SA Meeting, Busan, S. Korea, June 2016.

[5] 3GPP. Study on Architecture for Next Generation System (Release 14). TR23.799, 2016.

[6] 3GPP. Study on New Radio Access Technology: Radio Access Architecture and Interfaces. TR38.801, 2017.

[7] 3GPP. System Architecture for the 5G System; Stage 2. TS 23.501, Dec. 2018.

[8] 3GPP. Procedures for the 5G System; Stage 2. TS 23.502, June 2018.

[9] 3GPP. Policy and Charging Control Framework for the 5G System; Stage 2. TS 23.503, June 2018.

[10] 3GPP. Security Architecture and Procedures for 5G System. TS 33.501, June 2018.

[11] 3GPP. NR and NG-RAN Overall Description. TS 38.300, Dec. 2017.

[12] 3GPP. Telecommunication Management; Study on Management and Orchestration of Network Slicing for Next Generation Network. TR

28.801, Sept. 2017.

[13] 宋晓诗，闫岩，王梦源. 面向 5G 的 MEC 系统关键技术[J]. 中兴通讯技术，2018(1):21-25.

[14] ETSI White Paper. MEC Deployments in 4G and Evolution Towards 5G. February 2018.

[15] ETSI GS MEC 003 V1.1.1. Mobile Edge Computing (MEC); Framework and Reference Architecture.March 2016.

[16] ETSI GS MEC 012 V1.1.1. Mobile Edge Computing (MEC); Radio Network Information. July 2017.

[17] IMT-2020（5G）推进组. 5G 承载需求. 白皮书，2018-06.

[18] IMT-2020（5G）推进组. 5G 承载网络架构和技术方案. 白皮书，2018-09.

[19] Cisco. Cisco Visual Networking Index: Forecast and Methodology, 2016-2021. June 6, 2017.

[20] ITU. ITU Radio Regulations Edition of 2017. 2017.

[21] 工业和信息化部. 国家无线电管理规划（2016—2020 年）. 2016-08.

[22] 李艳莉. 毫米波通信技术的研究现状和进展[C]//四川省通信学会学术年会，2010.

[23] 3GPP. Study on New Radio Access Technology Physical Layer Aspects. TR38.802, March 2017.

[24] 3GPP. Numerology Physical Layer; General Description. TS 38.201, Dec. 2017.

[25] MediaTek. 5G NR. White Paper, March 2018.

[26] 3GPP. Physical Layer Procedures for Control. TR 38.213, June 2018.

[27] T. L. Marzetta. Noncooperative Cellular Wireless with Unlimited Numbers of Base Station Antennas[J]. IEEE Transactions on Wireless Communications, 2010, 9(11): 3590-3600.

[28] Nokia, Alcatel-Lucent Shanghai Bell. Multi-antenna Architectures and Implementation Issues in NR. R1-165362, 3GPP TSG-RAN WG1#85, Nanjing, P.R. China, May 23-27, 2016.

[29] 3GPP. Characteristics Template for NR RIT of “5G” (Release 15 and beyond). 2018-01.

[30] GTI. GTI Massive MIMO White Paper(v2). 2018-02.

[31] 3GPP TS 36.300. Evolved Universal Terrestrial Radio Access (E-UTRA) and Evolved Universal Terrestrial Radio Access Network

(E-UTRAN) V12.4.0 [S]. 2014.

[32] 杜忠达. 双连接关键技术和发展前景分析[J]. 电信网技术，2014，11:12-17.

[33] 谭丹. 双连接架构与关键技术分析[J]. 通信技术，2017，50(1):74-77.

[34] 3GPP TS 38.300. Evolved UniversalTerrestrial Radio Access (E-UTRA) and Evolved Universal Terrestrial Radio Access Network (E-UTRAN) V15.2.0[S]. 2018.

[35] 3GPP. Supplementary Uplink(SUL) and LTE-NR Co-existence (Release 15). TR 37.872 , June 2018.

[36] 3GPP. Evolved Universal Terrestrial Radio Access (E-UTRA); User Equipment (UE) Radio Transmission and Reception. TS 36.101, Oct. 2010.

[37] 3GPP. Evolved Universal Terrestrial Radio Access (E-UTRA); User Equipment (UE) Radio Transmission and Reception. TS 36.101, Oct. 2014.

[38] 苏蕾，于磊. 射线跟踪模型及其在 LTE 网络规划中的应用[J]. 中国新通信，第 18 期；第 16 卷 2014 年 9 月（下）.

[39] 苏蕾. FDD LTE 网络极限站间距探讨[J]. 广东通信技术，2016 年 8 月第 36 卷.

[40] 广州杰赛通信规划设计院. LTE 网络规划设计手册[M]. 北京：人民邮电出版社，2013.

[41] 3GPP. Pathloss, LOS Probability and Penetration Modelling. TR 36.873, Sept. 2017.

[42] Ericsson. ERICSSON Mobility Report, November 2018.